周湘华　编著

PDCA
－BIM 设计全过程管理

中国建筑工业出版社

图书在版编目（CIP）数据

PDCA-BIM设计全过程管理/周湘华编著.—北京：
中国建筑工业出版社，2020.8
ISBN 978-7-112-25217-6

Ⅰ.①P… Ⅱ.①周… Ⅲ.①建筑设计—计算机辅助
设计—应用软件 Ⅳ.①TU201.4

中国版本图书馆CIP数据核字（2020）第093307号

责任编辑：张伯熙 毋婷娴 曹丹丹
责任校对：党 蕾

PDCA-BIM设计全过程管理

周湘华 编著

＊

中国建筑工业出版社出版、发行（北京海淀三里河路9号）
各地新华书店、建筑书店经销
北京方舟正佳图文设计有限公司制版
北京中科印刷有限公司印刷
＊

开本：787毫米×1092毫米 1/16 印张：16¼ 字数：356千字
2021年9月第一版 2021年9月第一次印刷
定价：**68.00**元
ISBN 978-7-112-25217-6
（35977）

内容提要

  随着我国城镇化水平快速推进，人口膨胀、交通拥堵、环境恶化、资源短缺等"城市病"日益突出，传统的建筑业也面临着能耗高、资源浪费、人力资源短缺等亟待解决的问题。以 BIM（Building Information Modeling）、CIM（City Information Modeling）为代表的新型技术已成为工程建设行业中数字经济的新型驱动力。推动社会转型，走绿色可持续性发展道路，真正实现创新、协调、绿色、开放、共享的发展理念，不仅是技术方式的改变，更是思维模式的转变。

  工程建设已从传统单一、孤立、设计与施工相对分离的模式，向着互联互通、信息化和工业化的思维进行转变。BIM 与 CIM 技术的可视化、参数化、集成化的特点，将带来工程信息的透明化和可追溯性，通过减少各环节交付成本，实现了流程的再造和品质与价值的真正提升。目前在 BIM 推进过程中，也存在着"翻模"及各专业信息不对称、协同性不够等问题，而在运用 BIM 进行工程设计及管理的过程中，依据 P（计划）、D（执行）、C（检查）、A（处理）的循环管理模式，可实现促进数据交换、共享和跨领域业务真正意义的协同。不断在过程中沉淀和积累，修正数据资源，构建完整的数据模型，并将实践应用进行总结，再循环反馈，实现模型数据与实际工程的交互，是本书编写的目的。

  本书共包括 4 章内容，既有对现在 BIM 技术应用的总结，也有对未来 BIM 技术发展的展望；既是编者团队的专业经验总结，也是编者团队对专业发展方向的思考。本书具有技术性，也具有可读性，可供广大建筑行业设计人员阅读使用。

前言

BIM 是什么

 BIM 的全称是 Building Information Modeling，即：建筑信息化模型。BIM 不仅是建筑学、土木工程学的新工具，更是对工程项目设施实体与功能特性的数字化表达。一个完善的信息模型，能够连接建筑项目全生命周期不同阶段的数据、过程和资源，是对工程对象的完整描述，可被建设项目各参与方普遍使用。BIM 具有共享化、集成化、参数化的特性，它具有单一的工程数据源，可解决分布式、异构工程数据之间的一致性和全局共享问题，支持建设项目生命周期中动态的工程信息创建、管理和共享。建筑信息模型同时又是一种应用于设计、建造、管理的数字化方法，这种方法支持建筑工程的集成管理环境，可以使建筑工程在其整个进程中显著提高效率、大量减少风险。BIM 可以为设计提供辅助决策，也可以在建设和生产等环节提供高质量的施工建设规划和性能的预测，并为成本的估算提供信息依据。BIM 也具有可参与性，保持信息更新，并在一个集成的数字环境下访问模型，可以帮助建筑师、工程师、业主共同参与修正、调整模型，摆脱项目的整体构想的约束，更快做出明智的判断，打通虚拟与现实的障碍。

BIM 的价值

 BIM 技术是建筑业一次根本性的变革，它不仅是技术的革新，更是思维方式和观念的改变。BIM 使建筑设计与建造从传统思维模式转变为信息化和工业化思维模式，由行业割裂向相互关联转变。它将建筑从业人员从复杂抽象的图形、表格当中解放，以立体的三维模型作为建设项目的信息载体，方便建筑工程项目各阶段、各专业以及相关人员之间的沟通和交流，减少了建设项目因为信息过载或者信息流失而带来的损失，提高了人员工作效率以及整个建筑业的效率。BIM 将实现规划、设计、生产、施工、运维的全产业链升级、换代，实现信息交互、价值提升、产业重组的绿色可持续发展之路。

BIM 的发展现状

 我国的 BIM 工作起步相对较晚，但近几年在国内建筑业逐步形成了一股使用热潮。除了软件厂商的竭力推销之外，政府相关单位、各行业协会与专家、设计单位、施工企业、科研院校等也开始重视并推广。尤其是国家层面的导向性政策，对 BIM 的发展有至关重要的推进作用。2015 年 6 月，住房和城乡建设部《关于推进建筑信息模型应用的指导意见》中，明确了到 2020 年末的发展目标：建筑行业甲级勘察、设计单位以及特级、一级房屋建筑工程施工企业应掌握并实现 BIM 与企业管理系统和其他信息技术的一体化集成应用。湖南省人民政府于2016年1月发布了《湖南省人民政府办公厅关于开展建筑信息模型应用工作的指导意见》，指出在2020年底，要各行业全面普及BIM技术，使应用和管理水平进入全国先进行列。自文件发布以来，湖南省内还进一步规范了建筑工程方案设计招标投标、BIM施工应用指南、工程建设安全质量监督等行政行为，促进了建筑信息模型（BIM）技术普及应用。

书籍编写背景

当今，信息技术渗透于各个技术领域，并引领产业的更新换代，促进了企业的成长。BIM技术自2002年被引入中国以来，通过其前沿的参数化设计模式，开辟了建筑信息化快速发展的新道路。国内的BIM在近年发展迅速，不但在理论水平上有所发展，而且进行了大量的实际应用，设计人员如何利用BIM进行设计，施工人员如何利用BIM解决施工问题，行业内不仅在这方面有了相关的实际经验，市面上也有相关的指导书籍对此进行相关的介绍。虽然BIM热度不减，但在设计院推广过程中却存在着"热而不火"、往往被政策倒逼、缺乏主动性等问题。

书籍价值与意义

经济的迅速腾飞推动着建筑业的蓬勃发展，越来越多的大型公共建筑项目及各类装配式建筑在国内落地。公共建筑项目体量大、结构和管道系统复杂、施工难度大、施工周期长、后期运维数据多，对设计理论和分析、施工控制、运维管理有着非常大的要求，而装配式建筑需要设计与生产厂家进行数据交互，实现生产与施工安装的无缝对接。本书编者近年参与多个公共建筑项目，在复杂公共建筑项目应用BIM技术方面积累了丰富的经验。希望通过本书分享有关经验，为相关从业者提供参考和指导。

书籍编写思路

美国质量管理专家休·哈特博士提出了PDCA循环。PDCA循环控制法是有效的全面质量管理方法。PDCA循环控制法的4个过程分别为：计划(Plan)-做(Do)-检查(Check)-行动(Act)。P（Plan）即根据项目的要求和组织的方针，为提供结果建立必要的目标和过程；D（Do）即按照预定计划、标准，根据已知的内外部信息，设计具体的行动方法、方案，进行布局，再根据设计方案和布局，进行具体操作，努力实现预期目标的过程；C（Check）即确认实施方案是否达到了目标；A（Action）即根据检查结果采取相应措施，巩固成绩，把成功的经验尽可能标准化，将遗留问题转入下一个PDCA循环解决。自湖南省建筑科学研究院有限责任公司BIM技术应用中心成立以来，开展了大量的BIM实践，汲取PDCA管理循环，逐渐形成了自己的BIM工作指导方针。通过BIM与管理循环的模型相结合，最终实现设计与施工品质全优的目标。

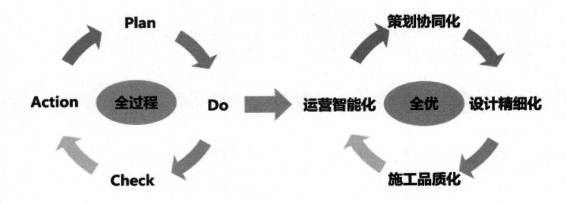

PDCA 管理循环

BIM 将带来建筑业的信息化革命

过去 20 多年来，CAD 技术的普及和推广使建筑师、工程师们甩掉图板，从传统的手工绘图、设计和计算中解放，它可以说是工程设计领域的第一次数字革命，而建筑信息模型（BIM）的出现或将引发工程建设领域的第二次数字革命。BIM 不仅是 CAD 等设计绘图软件或者出图工具的升级，更是信息技术与工程项目全生命周期的深度融合，最终将提高工程项目的集成化和交付能力。

BIM 带来的信息化革命，将进一步解放思维，使建筑师将更多的时间和精力参与到项目的施工、服务和构思创造等事件中，提升项目的建设质量。在传统的建设模式里，项目各生产阶段彼此割裂，信息传递不畅。只有将 BIM 技术的应用贯穿于项目建造的全过程、全产业链中，才能真正发挥 BIM 的精细化、一体化，打造质量全优、全过程全优的品牌项目，实现生产力的大发展。

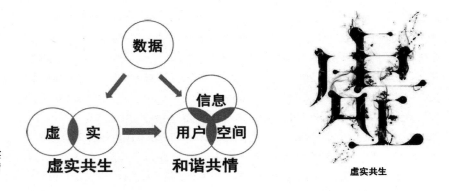

BIM 打造虚实共生，和谐共情

BIM 应用的核心之一是虚拟建造，在项目建造过程中，先虚后实、虚实结合、双轮驱动、虚实共生，形成数字模型与实体模型的孪生数据，为建筑的数字化运维打造数据基础。此外，在虚拟三维环境下的空间设计，可以提高人对空间的利用，实现建筑空间与使用者之间的和谐共情。

基于 BIM 的设计转型

（1）BIM 技术助力数字化建造

建筑设计一般聚焦在文化、艺术、场所、图示等内容，对实施建造的可能性探索不足。我们应从整体性、生态性、持续性出发，以全生命周期、可持续的发展观为原则，利用适宜的技术充分满足设计的表达，实现由概念转换为实体的进程。

多数建筑设计师采用 BIM 的初衷是为了提高设计工作的效率，但 BIM 的核心内涵并不仅限于此，BIM 提供的是一种更接近现实世界的设计思维模式，采用模拟真实物体的方式，以三维设计思维为基础，将传统的二维图纸完全转化为参数化的工作。它让设计师不再苦于用二维施工图表达空间的三维复杂形态，从而拓展了设计师对于建筑形态探索的可实施性，让设计从二维到三维，进而走向数字化建造。

BIM 不但将建筑、结构、设备等专业聚集到同一个三维信息模型下工作，实现设计技术自身的协同，减少专业图纸间的"错、漏、缺"，而且实现了设计与施工管理各阶段的对接延续。应用 BIM 的参数化构件对模型修改，可以省去建筑方案设计与后续设计（如初步设计、施工图设计）之间繁重的重绘工作，避免了设计各环节脱节，便于根据实际工程要求对原方案梳理、修改。

（2）可持续的数据利用

设计完成后，BIM 包含建筑工程从设计、使用直至建筑使用周期终结的所有信息，这些信息始终建立在一个三维模型数据库中，业主、施工、监理单位及相关管理部门都可基于这个统一的模型协同工作，彻底改变了工程项目的协作过程。BIM技术的应用，不仅改变了设计思维和方法，也使设计在工程的建设过程中显示了主导的作用。建筑数据不仅仅是在设计应用中被交互使用，在施工建造过程中也要被共享。

BIM 助力 EPC、装配式建筑发展

EPC 工程总承包是指受业主委托，按照合同约定对工程项目的可行性研究、勘察、设计、采购、施工、试运行（竣工验收）等实行全过程或若干阶段的承包。通过"一体化"的方式将设计、施工等工程主要阶段进行整合管理，具有降低投资、减少风险、缩短工期等优势，为项目建设增值。

装配式建筑是指把传统建造方式中的大量现场作业转移到工厂进行，在工厂加工制作好建筑用构件和配件（如楼板、墙板、楼梯、阳台等），运输到建筑施工现场，

通过可靠的连接方式，在现场装配安装建筑。通过"三个一体化"（即建筑、结构、机电、装修一体化，设计、生产、施工一体化，技术、管理、市场一体化）、技术集成和管理协同以及技术与管理一体化的协同和融合，实现生产力（技术）与生产关系（管理）的完美结合，促进建筑产业现代化发展。

EPC 项目和装配式建筑作为当前建筑行业的热门，都是"一体化"理念下的产物，BIM 技术协同和集成的理念与装配式建筑、EPC 项目一体化建造的思路高度融合。要推动 EPC 项目和装配式建筑的发展，没有 BIM 是不可能的。

将 BIM 思维引入 EPC 项目、装配式建筑的实施策略，优势是能够在建筑全生命周期提供协调一致的信息，作为真实建筑的虚拟表现，依靠参数化、可视化、可持续性分析以及 4D、5D 模拟；并且在可持续化设计上能够提供有力支持，从而促进项目信息数字化，加强项目各参与方之间的信息交流，并且保证彼此交流"无缝对接"。

BIM 应用工具箱

BIM 工作的实施开展应当从 5W2H 出发，明确 WHY(目标是什么？为什么要做 BIM)，确定 WHAT（工作内容），制定 WHERE（工作岗位），落实 WHO（责任人），制定和执行 WHEN（时间计划），策划 HOW（实施方案、实施流程），控制 HOW MUCH（成本）。

BIM 质量管理的手段也有很多，例如：SWOT、PDCA、WBS 等。充分发挥各种管理手段的优势，相互结合，不断完善，才能将 BIM 实施的价值真正发挥出来。

BIM+PDCA 的模式

BIM+PDCA 循环控制模式，即以 BIM 技术应用为核心，以 PDCA 循环控制法为手段。基于建筑信息模型的设计，不可避免地吸取传统设计中有用的理念，融合传统设计，让传统设计助力于 BIM 设计，实现传统设计向 BIM 设计的平滑过渡。

在策划阶段，BIM 平台发挥信息完备性的特点，为设计策划提供信息与协调保障，制定出更加符合业主期望的设计方案。在实施阶段，BIM 的可视化设计大大增加了有别于传统设计的互动性以及反馈性，使得设计更加贴近施工，而且设计更加流畅，设计者体验更佳。在检查阶段，利用 BIM 的碰撞检验，检查设计中可能存在的碰撞问题，利用 BIM 的 4D(三维空间与时间维度结合) 模拟施工，发现设计中不合理的地方。在行动阶段，对检查发现的问题加以改正，同时，针对复杂的问题形成方案，直到满足设计可施工性。设计完成后，要将本次设计备案，建立相关的数据库，沉淀设计经验教训，为下一次设计提供参考，最大化发挥 BIM+PDCA 循环控制模式的螺旋上升的控制作用。

本书也是以 PDCA 的思路进行撰写，主要分为如下章节：

第 1 章：PBIM，介绍 BIM 项目从开始到结束，如何策划、计划和安排各个阶段的工作；

第 2 章：DBIM，介绍湖南省建筑科学研究院有限责任公司在五年以来，数个典型的 BIM 实践项目，以及在执行阶段如何贯彻前期的策划和方针；

第 3 章：CBIM，找出项目执行过程中发现的问题，介绍如何通过 BIM 技术来解决这些问题；

第 4 章：ABIM，分析目前 BIM 行业存在的问题，主要是标准化、BIM 教育等，对国外的先进经验进行了阐述，并对 BIM 的未来发展进行了分析和预测。

本书历经了十一个版本的修改，在编写过程中，完成课题研究两项：《基于 BIM 的设计协同研究》（JGJTK2018-12）和《基于 BIM 的装配式建筑设计研究》（JGJTK2019-16），参编团队由湖南省建筑科学研究院有限责任公司 BIM 技术应用中心的工程师们组成，作者对于书籍的结构和内容进行了总体规划和严格把关，没有他们在繁忙的工作之余艰苦努力的付出，就不可能有本书的顺利完成，在此，一并对所有参编人员表示感谢。

目录

前言

1
BIM

凡事预则立，不预则废。
——礼记·中庸

设计企业 BIM 策划 1.1

设计投标 BIM 策划 1.2

设计应用 BIM 策划 1.3

P(Plan)即根据项目的要求和组织的方针，为提供结果建立必要的目标和过程，P-BIM，顾名思义就是对 BIM 工作的相关策划。正所谓"好的计划是成功的开始"，对于 BIM 技术的应用和推广，本章从设计企业的 BIM 策划、设计投标的 BIM 策划和设计项目应用的 BIM 策划三个方面，阐述针对 BIM 的相关策划应当如何展开。

1.1 设计企业 BIM 策划

1. 设计企业 BIM 实施的背景

1）国家及地方政策

2015 年 6 月，住房和城乡建设部印发了《关于推进建筑信息模型应用的指导意见》，明确指出到 2020 年末，建筑行业甲级勘察、设计单位以及特级、一级房屋建筑工程施工企业，应掌握并实现 BIM 与企业管理系统和其他信息技术的一体化集成应用。以国有资金投资为主的大中型建筑，以及申报绿色建筑的公共建筑和绿色生态示范小区，在新立项项目的勘察设计、施工、运营维护中，集成应用 BIM 的项目比率达到 90%。随后，各省市相继出台了各自的建筑信息模型应用工作的指导意见，在建筑行业领域掀起了 BIM 技术应用和发展的小高潮。

此外，在国家和部分省市的绿色建筑评价标准中，也将 BIM 技术作为评定要求之一。

根据国家政策的相关要求，设计企业应当掌握并实现 BIM 与企业管理系统和其他信息技术的一体化集成应用，明确了加快 BIM 技术在工程建设项目全生命周期集成应用，实现企业信息化管理。国家从各个方面强调了设计企业应掌握并实现 BIM 集成化应用，北京、上海、湖南等地区更是进一步规范了建筑工程方案设计招标投标、数字化审图、工程建设安全质量监督等行政行为，促进了 BIM 技术普及应用。

2）BIM 设计价值

（1）参数化设计：参数化设计实质上构件组合设计，建筑信息模型是由无数个虚拟构件拼装而成，其构件设计并不需要采用过多的传统建模语言，如拉伸、旋转等，而是对已经建立好的构件（称为族）设置相应的参数，并使参数可以调节，进而驱动构件形体发生改变，满足设计的要求。而参数化设计更为重要的是，将建筑构件的各种真实属性通过参数的形式进行模拟，并进行相关数据统计和计算。

（2）构件关联性设计：构件关联性设计是参数化设计的衍生。当建筑模型中所有构件都是由参数加以控制时，如果我们将这些参数相互关联起来，那么就实现了关联性设计。换言之，当建筑师修改某个构件，建筑模型将进行自动更新，而且这种更新是相互关联的。

（3）参数驱动建筑形体设计：参数驱动建筑形体设计是指通过定义参数来生成建筑形体的方法。当建筑师改变一个参数，形体可以自动更新，从而帮助建筑师进行形体研究。参数驱动建筑形体设计仍然可以采用定义构件的方法实现。

（4）协作设计：建筑信息模型为传统建筑提供了一个良好的技术协作平台，例如，结构工程师改变柱的尺寸时，建筑信息模型中的柱也会立即更新，而且建筑信息模型还为不同的生产部门、管理部门提供了一个良好的协作平台，例如，施工企业可以在建筑信息模型基础上添加时间参数进行虚拟施工，控制施工进度，政务部门可以进行电子审图等。

3）业主方要求

除了政策上的推动，越来越多的业主也将 BIM 技术的应用写入了招标要求，在项目中应用 BIM 技术已经成为投标工作中的重要加分项。

从政策和形势上，BIM 的应用已经势在必行。设计企业开展 BIM 应用越早，就会越早建立竞争优势。当前，业主对 BIM 的高度关注，促使了业主对 BIM 高度的学习积极性。业主应用 BIM 技术开展全方位的精细化综合管理，传统的粗放设计方式将不能使用，设计企业更加被动。

2. 设计企业 BIM 实施策划

为实现建筑行业的可持续发展之路，中国工程院院士、全国工程勘察设计大师、清华大学建筑设计研究院院长庄惟敏提出了《基于前策划后评估的设计决策体系建设》。未来，设计企业的 BIM 工作也应遵循"前策划、后评估"实施路线，才能实现设计目标在全生命周期中落地实施。

前策划有三个最重要的内容：前策划阶段应当确定最终的目标是什么？实现目标的关键问题是什么？解决关键问题的办法是什么？针对设计企业的 BIM 实施策划是规划、组织、控制和管理设计企业 BIM 实施工作的具体措施，它涉及 BIM 在实施过程中相关的多种因素，主要包括：企业的技术路线、企业人员素质水平、制约企业发展的瓶颈，以及具体项目的前期任务书确定等。

后评估：该阶段是设计企业对 BIM 策划和实施工作进行评估和总结，并根据评估结果对企业路线调整。

本节提出的设计企业 BIM 实施的基本路线和方法，主要包括以下四个阶段：

1）初期筹备及规划制定

（1）开展考察调研和咨询研讨：通过考察调研了解市场 BIM 发展及应用情况，分析 BIM 技术未来趋势和不同的实际应用模式。邀请 BIM 咨询企业、软件服务商和科研院校等单位为企业的 BIM 实施提供咨询建议。

（2）成立 BIM 领导小组和工作小组：确定人员组成、相关人员的职责和任务。领导小组由企业的第一负责人直接领导，总体负责企业的资源调配，把握企业的 BIM 发展基本方向，制定奖惩机制；BIM 工作小组由各相关部门，多专业的负责人和企业招聘的专家或顾问组成。

（3）规划制订：由工作小组和 BIM 咨询顾问单位共同起草 BIM 规划，提交给领导小组审阅，并由企业决策层讨论通过。

（4）在规划中明确提出企业 BIM 标准体系、BIM 团队、软硬件设备、BIM 培训、试点项目、总结推广等工作的具体要求和实施方案。

2）全面启动阶段

（1）企业技术环境：根据规划内容，搭建企业内部的软硬件布置和网络环境。

（2）搭建企业 BIM 标准体系：着手制定企业 BIM 相关标准和规范，包括 BIM 建模标准、BIM 技术指南、标准化 BIM 实施方案等，可根据企业实际发展情况不断修改和完善。

（3）团队组织和 BIM 培训：组织由专业骨干人员形成的 BIM 团队，展开 BIM 应用集中培训，包括学习 BIM 软件使用、BIM 建模技巧，以及与 BIM 相关的其他知识。

（4）开展 BIM 试点项目：以企业内自有项目为依托，开展试点项目的 BIM 技术应用。在项目的应用选择上考虑各试点项目的互补性，同时，在企业内部应提供一定的政策倾斜和扶持，由企业给予适当的补贴，并设立针对 BIM 实践的奖励基金，建立企业 BIM 示范项目的考核机制。

3）总结评估及推广完善阶段

（1）企业内普及与推广：组织召开 BIM 动员大会，向企业全体员工宣贯企业的 BIM 的战略，明确基于 BIM 的企业方针和目标，统一全体人员的思想认识。

（2）在试点项目的基础上寻求技术应用的突破点。大胆尝试、精心投入以 BIM 技术为辅助助力企业的经营活动。从基础技术开始，针对项目投标方案演示、模拟分析、计量提取等工作开展专项方案的应用研究；逐步深化到将来应用 BIM 参数化设计的功能提升设计的质量与水平。

（3）严格执行企业标准和规范，并在执行中不断完善和优化。

4）BIM 与企业信息化建设结合，向 CIM 技术应用发展

将 BIM 技术的发展与企业的信息化建设相结合，充分利用 BIM、大数据、智能化、移动通信、云计算、物联网等信息技术助力城市建设，为智慧城市奠定基础。CIM（城市信息模型）是以 3DGIS（三维地理信息系统）和 BIM 技术为基础，集成并利用互联网、物联网、云计算、大数据、虚拟现实、增强现实、人工智能等先进技术进行数据采集、分析、整合、挖掘、信息展示等，以反映城市规划建设、发展和运行的情况，助力城市规划、城市建设和城市管理等。

从以上 BIM 实施的基本路线和方法可以清晰地看到企业级 BIM 实施的模式，其中，最为重要的部分就是在企业 BIM 实施过程中，先制订企业的 BIM 实施规划和建立企业 BIM 标准体系，并在全面启动阶段严格执行和落实。重点做到：整体策划、分步实施、协同统筹、及时沟通、以终为始、体现价值。

1.2 设计投标 BIM 策划

1.BIM 在设计投标中的应用背景

1）国家政策鼓励

近年来，受国家与建筑行业改革发展整体需求的影响，BIM 技术逐步在建筑工程领域普及推广。随着影响的不断加强，各地方政府也先后推出相关的 BIM 政策。住房和城乡建设部发布的《2016—2020 年建筑业信息化发展纲要》中积极推进"互联网 +"和建筑行业的转型升级。文件中提出了五大信息技术，其中 BIM 技术位列第一。可见住房和城乡建设部对于 BIM 技术推广的力度和决心。

2）行业发展趋势

对于建设单位，一个工程项目能否在工程造价、竣工效果等方面达到十分完善的预期，设计是关键。设计招标阶段的核心工作是得出准确和全面的工程量清单项。这个阶段最烦琐的工作是工程量的计算，耗时又费力。而 BIM 技术的诞生使这个难题迎刃而解。BIM 技术能提供一个资源共享平台，它集合了各方面的信息数据，是一个庞大的信息数据库，可以直观地展示项目的物理和空间信息。有数据库做支撑，计算机可以快速地对各种构件进行统计分析，大大减少了由于主观臆断与偏差引起的工程量计算错误，很大程度上提高了造价人员的工作效率和工程量预估的准确度。

例如，在工程设计招标时，图纸中的地下管网设施等综合网络繁冗复杂，不但呈现效果差，而且也无法预见施工过程中的线路碰撞问题。即便是专业人士参与招标投标，也无法快速判断设计投标方案的优劣，从而造成投标工作无法释放最大的能量，投标工作流于形式。

BIM 技术的引入，可借助三维立体模型，让设计投标单位为招标单位提供更为准确和优质的信息数据，有关技术人员可以借助精准、高效的智能软件，随时对项目进行设计优化。通过可视化的手段让业主更好地理解项目的设计意图和设计理念，同时，采用 BIM 技术进行项目设计工作，也能提高项目的设计质量。当前，BIM 技术使招标投标管理的精细化程度和管理水平都得到了空前的提升。在评标环节，建设单位根据设计单位所呈现的 BIM 可视化三维模型，对纷繁复杂的工程项目在初始阶段就能有一个非常直观的了解。通过 BIM 技术测算的工程量清单与招标文件更加匹配，避免了错项、漏项，减少了施工过程中的变更。

当前，越来越多的业主将类似"项目要求应用 BIM 技术进行项目设计"的条款设置在设计招标文件中，应用 BIM 技术参与设计投标工作成为响应业主方招标文件的基础条件之一，对于设计投标工作至关重要。

2.BIM 设计投标策划方案

BIM 设计投标策划方案是指针对 BIM 设计招标文件的要求的响应进行策划，

需要根据具体的招标文件要求进行工作组织和安排，应该包含以下几个方面的工作内容：

1) 招标文件解读

根据招标文件的内容，详细分析项目招标要求，例如：投标周期、投标性质（明标或暗标）、投标材料组成等，对 BIM 设计投标工作进行具体的策划。制定投标进度计划、明确 BIM 投标材料、确定人员分工，保证投标工作顺利完成。

2) BIM 投标成果

BIM 投标相关交付的文件一般有：BIM 设计模型、基于 BIM 模型的平立剖图纸、BIM 模型效果图、BIM 多媒体文件等。详细要求如下：

（1）BIM 设计模型

根据设计图纸建立 BIM 投标模型，即建筑设计图纸应基于 BIM 模型产生，模型应包含但不限于以下图纸（视窗可供查阅）：已完成的建筑方案设计图（含地下室）、消防防火分区图纸（按批准的消防审图意见梳理，包括：防火防烟分区的划分，垂直和水平安全疏散通道、安全出口等）、BIM 场地总图图纸等。

此外根据项目要求调整建模深度，建模时需将不同的材质区分，根据设计师要求修改模型外立面、模型外观等。

（2）基于 BIM 模型的平立剖出图

基于 BIM 模型的平立剖图纸包含的成果有：①主要单体，主要楼层平面图，深度视项目而定；②主要单体主要立面图，可以体现项目特点；③主要单体主要剖面图，可以说明建筑空间关系。

（3）基于 BIM 模型的效果图，漫游动画

根据 CAD 总图及可视化渲染软件对模型进行布图，包含树、人、车辆等。选择合适角度基于 BIM 模型的三位透视图，包含鸟瞰、半鸟瞰、单体等，并针对设计思路、亮点，基于 BIM 模型制作漫游动画。

（4）投标多媒体

第一步，根据项目特点、设计思路、分析图、总结展望等撰写配音稿。

第二步，根据配音稿编写动画脚本。将解说词按段落标号，在段尾标注该段字数及所需秒数，用另一种字体颜色在解说词中注明所想要表现的形式及方法，脚本按分镜头方式给出，旁白解说对应画面，再按照旁白给出改镜头需要的时间。

第三步，对成果进行检查修改，突出项目亮点并选择合适的背景音乐等加以润色。

3) 投标团队分工

BIM 项目设计团队主要由以下设计岗位构成：项目总负责人、BIM 建模人员、BIM 方案编写人员、动画及后期制作人员。

项目总负责人职责如下：

①负责制定项目策略文档计划；

②负责管理、协调个人员任务；

③负责对项目技术风险预测及风险控制、解决；

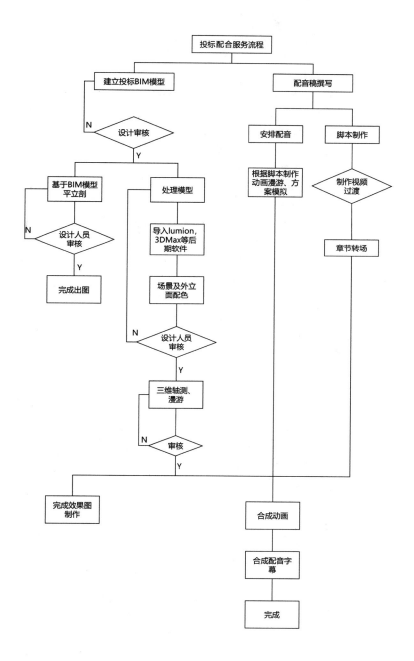

BIM 投标服务流程

BIM 建模人员职责如下：

①负责 BIM 模型的搭建、拆分、整合和更新等；

②负责各专业资源组织及协调，为模型准确度负责；

③负责各专业模型的格式转换；

BIM 方案编写人员职责如下：

①负责动画脚本的撰写，为技术方案准确性负责；

②提出动画表现需求，协助动画制作人员理解分析方案；

③负责将文字版方案转出并配音；

④辅助投标文件 BIM 标书编写。

动画及后期制作人员职责如下：

①负责 BIM 模型检查；

②根据脚本制作 BIM 多媒体材料，如：项目整体漫游渲染、效果图表现；

③协助项目总负责人及方案编制人员图形化表现、展示、制作动画；

④制作视频，章节转场；

⑤合成配音、字幕、LOGO，生成完整展示视频；

⑥负责动画文件夹归档。

3.BIM 设计专篇编写

是指 BIM 投标文件中对设计工作中 BIM 的应用内容进行说明的专项篇章，本章以某项目 BIM 设计投标专篇为例，介绍 BIM 设计专篇的主要内容：

1）编制依据

（1）《××××××× 项目方案设计和初步设计项目招标文件》招标编号：××××××× — 2020 — DX — 20

（2）《建筑工程设计信息模型制图标准》JGJ/T 448—2018

（3）《建筑信息模型应用统一标准》GB/T 51212—2016

（4）《建筑信息模型设计交付标准》GB/T 51301—2018

（5）《湖南省民用建筑信息模型设计基础标准》DBJ 43/T 004—2017

（6）《湖南省建筑工程信息模型交付标准》DBJ 43/T 330—2017

应用目标：

2）BIM 应用目标

● 缩短设计周期，提升沟通效率，提升设计质量。

● 减少专业冲突及设计变更，优化管线排布，确保竖向净空。

● 辅助项目的算量单位，严格控制项目投资预算。

● 设计成果传递施工阶段，辅助项目施工进度、成本、质量、安全控制。

● 通过 BIM 的数据整合，发现各专业间的冲突，提前解决，避免施工后重建造成损失。

● 项目建造过程中全面推进 BIM 技术运用，保证运用的完整性、系统性及创新性，争先创优。

某项目 BIM 方案模型可视化

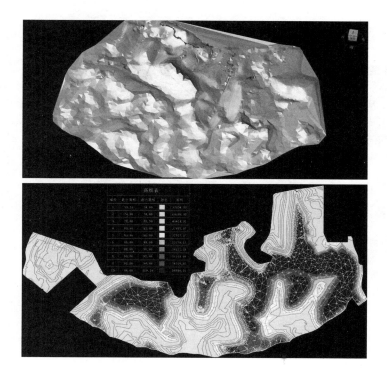

某项目基于 BIM 的地形分析

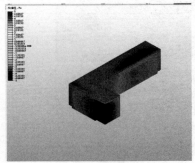

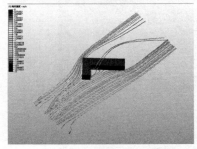

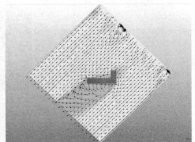

某项目基于 BIM 的
风环境模拟

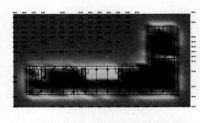

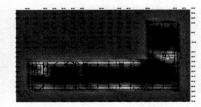

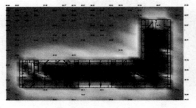

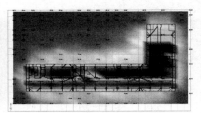

某项目基于 BIM 的
日照模拟

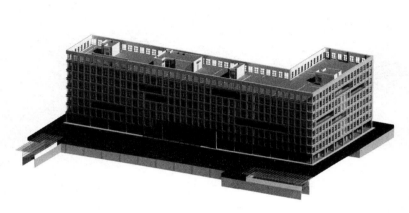

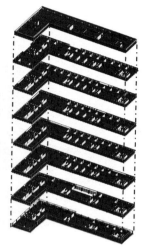

投标阶段 BIM 设计模型展示

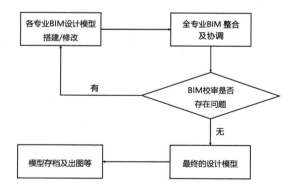

BIM 设计协调流程图

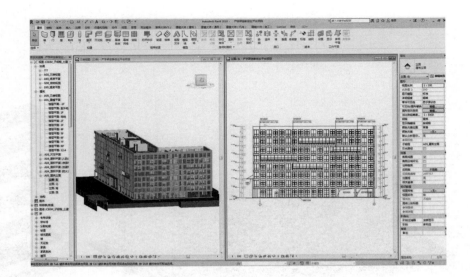

投标阶段 BIM 设计模型出图

BIM 团队岗位	岗位职责
BIM 负责人	对 BIM 项目实施进行总体规划，管理专业间的 BIM 协作，掌控 BIM 项目实施计划与进度，审核项目的 BIM 交付，协助 BIM 应用相关标准制定等
专业小组负责人	主要负责建筑、结构、机电等各专业内、专业间的工作部署及协调、负责安排和落实 BIM 实施方案的具体工作并对专业内成果负责
BIM 工程师	负责创建 BIM 模型、基于 BIM 模型创建二维视图、添加指定的 BIM 信息；配合项目需求，负责 BIM 方案模拟、虚拟漫游、建筑动画、工程量统计等

BIM 软件体系

项目		软件名称	备注
BIM 技术管理体系与措施	BIM 建模	Autodesk BDS 2018 旗舰版（包含 Revit 系列、3dsMax、Inventor、AutoCAD、ReCap）	主要用于建筑、结构、机电系统等各专业 BIM 模型创建、数据信息录入、编辑等
		AutodeskInfraworks 360	主要用于场地规划、模拟、分析等
		Autodesk Civil 3D 2016	主要用于地形 BIM 模型创建和分析
	BIM 应用	Autodesk Navisworks Manager 2016	主要用于 BIM 模型及数据在各阶段的查看、分析应用
		Fuzor 2016	交互式浏览软件
		Pathfinder	疏散模拟软件

项目内容	内容
审核节点	项目实施各阶段实施过程
审核依据	项目 BIM 实施标准、项目 BIM 实施方案
审核形式	项目 BIM 实施协调例会
审核人员	BIM 服务负责人、项目各参与方 BIM 负责人
审核内容	各参与方是否按节点提交过程成果，过程成果的质量审核（提交成果格式及内容是否满足交付要求，模型搭建及更新是否符合项目实施标准）
审核结论	BIM 审核结果反馈、落实下一阶段 BIM 实施计划及要求

质量控制策略

目视检查：确保没有多余的模型组件，并使用模型审查软件检查设计意图是否被遵循；

检查冲突：由冲突检测软件检测两个（或多个）模型之间是否有冲突问题；

标准检查：确保该模型遵循团队商定的标准；

元素验证：确保数据集没有未定义的元素。

模型及成果管控要点

提交内容是否与要求一致；

提交成果格式是否与要求一致；

BIM 模型是否满足相应阶段 LOD 精度需求；

各阶段 BIM 模型与提交图纸相符；

现阶段 BIM 模型是否满足下一阶段应用条件及信息；

各阶段 BIM 模型应有符合当前阶段的基础信息

4.BIM 设计投标造价控制

1）可视化设计及造价控制

BIM 可视化即是将抽象的二维变为直观的三维；将抽象的 CAD 图纸变为直观的三维模型，在设计阶段既可以给人以最直观的感受，又可以做到数据可视化，即时地调出与模型相关的所有数据，并通过这些数据再进一步的设计、调整、美化模型，从而使建筑设计方案无论是在设计结构上还是在造价控制上均符合开发商的要求。在设计阶段，BIM 可视化针对造价控制方面有着更大的优势。BIM 可视化所做的不仅是设计模型的可视化，其最重要的一点是可以做到数据的可视化。它可以在模型设计的同时计算出整个设计工程的工程量，从而为之后的造价概算提供更加精准无误的计算数据，再由计算数据反馈于设计方。设计方再通过调整设计方案并对模型进行修改重新算量，从而达到在设计阶段进行造价控制的目的。

　　2）设计分析及造价控制

　　BIM 能在方案设计阶段完成包括能耗、结构、机电等在内的数字化分析。BIM 能耗分析：在建筑物的日常运营和维护过程中，建筑的冷热负荷情况，会受到室外大气温度、太阳辐射强度、电气设备运转功率、围护结构的材质以及人均占有面积等各种因素的影响。BIM 软件的应用则可以在设计阶段对建筑物进行能耗模拟分析，在极大程度上还原建筑物投入运营后的各种能源消耗情况。在设计阶段对建筑物进行能耗分析，可使运营方在今后的运维过程中利益最大化，在一定程度上降低运维成本，提升建筑的节能效益，实现可持续发展。在结构与机电方面的分析也能够使开发商更加清楚和明白，他应该在结构与机电建设方面投入多少资金进行建设。

1.3 设计应用 BIM 策划

自 2002 年 BIM 概念引入中国，最开始就是在设计行业开始推广的，至今已有 15 个年头。虽然有很多专家和设计企业宣称已经实现了"BIM 的正向设计""基于 BIM 打通了整个行业链"，甚至"BIM 的建筑全生命周期应用"等目标，但事实上，BIM 的应用仍然停留在可视化与碰撞冲突检测等有限层面上。实现全专业协同的 BIM 正向设计案例寥寥无几，更不用说基于 BIM 技术的设计企业信息化建设成果了。

为何经过了近 15 年的发展，设计院还不能普及 BIM 技术开展设计工作呢？这里面有着各种方面的原因。其中，非常重要的一点原因就是设计院普遍没有真正下工夫将 BIM 理念应用于项目开展和设计管理中去，致使 BIM 技术应用在这么多年过去之后依旧只停留在表象层面。此外，BIM 的应用占用大量的人力和物力，而相关的人员费用又无明确规定。如何真正从实现 BIM 价值角度出发推动设计院 BIM 技术普及是一个非常值得思考的课题。设计院应从主动性、标准化、精细化三个方面进行推动。

第一，必须调动起设计人员的主动性。人，是技术应用和普及的主体。必须让设计人员切实了解和体会到 BIM 对于设计工作是具有重大价值的，才能使得设计师们真正主动的学 BIM、用 BIM、研究 BIM。

第二，推动建立以三维模型为核心的出图标准和规范，以及相关的报建审批机制。应用 BIM 开展设计，自然是做三维设计。但是设计院交付的成果是"图纸"，图纸必须符合国家的二维制图规范和标准。如果基于三维的设计要求交付二维设计的成果，设计师根本没有动力先做 BIM 设计，再出二维图纸。所以，必须建立"以三维模型为核心的出图标准和规范"，让二维图纸直接从模型中"切出来"；实现"三维模型"和"二维图纸"的一致性关联，摒弃不必要的二维标注化表达规范和标准。这样，才是给设计师们"减负"，才真正有利于推动 BIM 设计。相关的报建审批机制建立，也是同样的道理。

第三，通过更深、更精细化、更优化的设计，配合政府指导建议，提高设计取费。BIM 技术在设计院发展缓慢有一个很现实的原因就是：传统的设计手段已经能满足绝大部分的设计需求，那为什么还需要去学习一个新的、陌生的东西来增加自己的负担呢？采用 BIM 技术能为我们带来更高质量的设计成果，但是，如果更高质量的设计成果不能带能更高的企业收益，企业自然没有动力去做这种"费力不赚钱"的事。只有通过提供更高品质的设计产品来提升更高的设计收费，企业才有动力下真工夫普及 BIM 设计工作。

实现 BIM 技术在项目和企业中的应用，一定要不断深入挖掘 BIM 的价值，才能真正实现 BIM 的高度普及和企业效益的大大提升。

设计项目的 BIM 实施策划应当从以下几个方面开始：

1.BIM 设计工作流程

根据 BIM 设计的特点，结合一般设计项目的实际情况，形成 BIM 设计工作流程，对于一般性项目都可以实现流程的标准化，为项目实施的时效管理提供指导。

BIM 设计
工作流程
（一般流程）

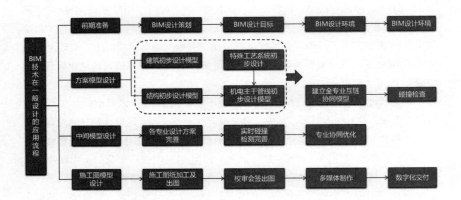

2.BIM 设计工作环境

BIM 设计工作环境主要包含 BIM 标准体系、BIM 软件、BIM 硬件、设计人员、样板及族库等。

1) BIM 标准体系

BIM 标准体系是指为规范 BIM 技术的应用制定的 BIM 的相关指导文件。BIM 设计标准体系包含国家 BIM 标准、各省市 BIM 标准、企业 BIM 标准（含业主方 BIM 标准）。

国家和
行业 BIM 标准

目前国家层面、各省级层面、行业内部都有 BIM 标准及指南文件出台，但大多仅仅停留在大方向的指导层面，难以做到对一线的 BIM 行为规范的目的。因此，针对当前的某个项目，还应编制详细的项目级 BIM 标准，如：BIM 建模标准、BIM 协同标准、BIM 制图标准、BIM 交付标准等。

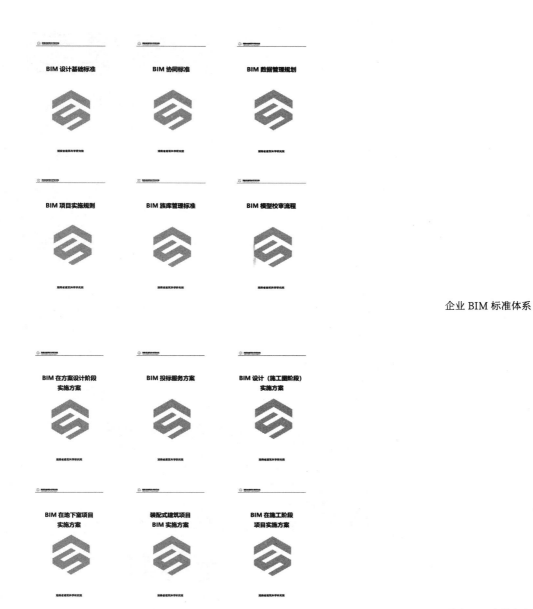

企业 BIM 标准体系

项目 BIM 实施方案

2）BIM 软件

经过几十年来 BIM 技术的发展，已经形成了多种 BIM 主流软件体系。各种 BIM 主流软件在建设工程的各个领域也都有其独特的应用表现，因此，企业应针对具体项目的实施，根据项目特征选择合适的 BIM 软件开展设计工作。

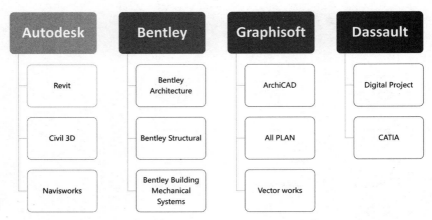

BIM 主流软件体系

3）BIM 硬件

BIM 软件因为要处理大量的数据信息和实现高质量的三维图像，因此相较传统的二维设计对计算机硬件的要求要高许多，尤其对计算机处理器、显卡、内存等有高要求。另外，根据项目的实际需求，还可以使用无人机、VR 设备、3D 打印设备等辅助项目的收集、项目分析、BIM 展示等。

硬件名称	推荐配置
处理器	I7处理器及以上性能
内存	16G以上
显卡	丽台K620以上图形专业显卡

BIM 计算机主流硬件体系

4）BIM 团队

BIM 设计工作需要 BIM 团队来完成，BIM 团队应是由一批熟练掌握 BIM 技术应用和设计工作的专业理论知识的人员组成，专业人员配置上，除了传统的建筑、结构、设备等方面的专业的人才外，还应该配备具备后期渲染知识的设计人员为 BIM 展示提供技术支持。

5）BIM 样板与族库

样板与族库是项目在 BIM 设计过程中可能使用的一些 BIM 数据单元，是项目高效进行设计工作的资源保证。一般来说主要包括有：项目样板（分建筑、结构、设备等不同专业），注释族，绘图族，模型族，基准族。特定的项目，有其特定适合的族库。在项目正式开展工作前，应根据实施 BIM 设计的项目特点，预先准备或制作可能频繁使用的 BIM 族文件，保证后期的 BIM 设计工作可以流畅地进行。

通过大量项目的实施，企业不断累积优质的资源，形成企业级的 BIM 资源库，为企业 BIM 工作的开展打好基础。

设计阶段

序号	应用点	应用价值
1	设计阶段应用	
1.1	方案设计阶段的BIM技术应用	
(1)	规划或方案模型建立	
(2)	场地分析和土方平衡分析	有助于可行性分析；
(3)	建筑性能模拟分析	有助于政府审批沟通；
(4)	设计方案比选	有助于提高设计质量；
(5)	虚拟仿真漫游	有助于各参建方参与设计；
(6)	人流、车流、物流模拟	
(7)	各项建筑经济指标分析	有助于方案决策；
(8)	特殊设施及场所模拟分析	
1.2	初步设计阶段的BIM技术应用	
(1)	建筑、结构和机电等专业模型建立	
(2)	建筑、结构专业的平面、立面、剖面检查	有助于减少设计错误；
(3)	三维设计下的设计优化及推敲	有助于提高设计质量；
(4)	面积明细表及统计分析	有助于业主内部沟通；
(5)	图纸表达	有助于确定造价预算；
(6)	建筑设备选型	有助于减少设计变更；
(7)	空间布局分析	
(8)	重点区域模拟分析	
(9)	造价控制与价值工程分析	
1.3	施工图设计阶段的BIM技术应用	
(1)	建筑、结构和机电等专业模型建立	
(2)	冲突检测和机电管线综合	
(3)	三维仿真及优化	有助于减少设计错误；
(4)	竖向净空分析	有助于提高设计质量；
(5)	辅助施工图设计，复杂图纸BIM模型提取	有助于提高设计效率； 有助于业主内部沟通；
(6)	造价控制与价值工程分析	有助于确定造价预算；
(7)	精装修设计	有助于减少设计变更；
(8)	装配式拆分及深化设计	
(9)	可视化展示	

施工阶段

序号	应用点	应用价值
1	施工准备及施工阶段应用	
1.1	施工准备阶段的BIM技术应用	
(1)	施工场地规划	
(2)	施工深化设计辅助及管线综合	
(3)	施工方案模拟、比选及优化	有助于提高施工方案合理性；
(4)	预制构件深化设计及吊装模拟	有助于现场的精细化管理； 有助于加强发包及合同控制
(5)	工程算量	
(6)	发包与采购管理辅助	
1.2	施工阶段的BIM技术应用	
(1)	4D施工模拟及辅助进度管理	
(2)	工程量计算及5D造价控制辅助	
(3)	设备管理辅助	
(4)	材料管理辅助	有助于现场的精细化管理； 有助于科学合理地加快进度；
(5)	设计变更跟踪管理	有助于造价控制；
(6)	质量管理跟踪	有助于质量和安全管理； 有助于工程创优
(7)	安全管理跟踪	
(8)	竣工BIM技术模型建立	

运维阶段

序号	应用点	应用价值
1	运营阶段应用	
1.1	运维策划及运维模型建立或更新	
(1)	运维应用方案策划	
(2)	模型运维转换、运维模型建立或更新	
1.2	运营阶段具体应用点	
(1)	空间分析及管理	
(2)	设备运行监控	
(3)	能耗分析及管理	有助于提升运维水平；
(4)	设备设施运维管理	有助于提升运维智能化； 有助于应对各种变化需求
(5)	BAS或其他系统的智能化集成	
(6)	人员培训	
(7)	资产管理	
(8)	应急管理	
1.3	基于BIM技术的运维系统应用	
(1)	基于BIM技术的运维系统应用	

BIM 在各阶段的应用内容

3.BIM 设计应用内容

BIM 设计应用在不同类型的项目、不同的设计阶段，针对不同的设计目的，都有着不同的设计应用内容。下图是某个装配式建筑在全生命周期不同阶段的 BIM 应用内容梳理。本章节针对方案设计、初步设计、专项设计和施工图设计中主要的 BIM 应用作以下介绍，供读者参考。

1) 方案设计

方案设计是项目实施设计工作的第一步，在这个阶段中，设计师将通过方案设计确定出项目的外观效果、功能布局、能见度等内容，并确保其合理性和可行性。

方案设计

方案一　　方案二
方案三　　方案四

（1）方案设计

在方案构思阶段，设计师往往借助手稿粗略地分析建筑形体，在大致构架搭建好以后，就需要用软件来替代手稿，更加精细化、准确化、深入地对建筑形体分析，所以在方案设计阶段，尤其是复杂的公共建筑，设计师往往从概念开始建模，慢慢细化，在体型定好以后再用具体的构件去实现造型。

（2）性能模拟分析

建筑性能模拟可以在建筑建成前按照设计方案对建筑的性能进行精确地数字化仿真模拟，并在此基础上有针对性地改进和优化设计方案，从而达到提升建筑性能和改善使用舒适度的目标。现在应用较多的建筑性能模拟分析包括：能耗模拟、自然采光模拟、风环境模拟以及疏散模拟等几种类型，涉及建筑、物理、机电、消防等诸多学科和专业。

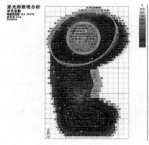

建筑采光及日照模拟

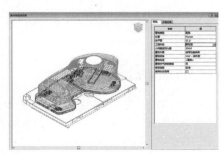

能耗模拟

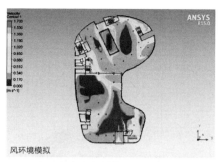

风环境模拟

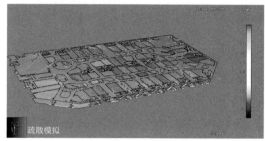

疏散模拟

性能模拟分析

（3）地下室设计车位分析及优化

使用 BIM 技术辅助优化地下室停车位。通过地下室的三维可视化建模，统一协调考虑停车位和建筑布置、结构设计、机电管道等方面的关系，精细化、科学地对车位种类进行细致划分和优化布置。车位优化事先考虑了机电管线对车位的影响，合理进行管线排布，尽量将影响降到最低。车位分析及优化主要从以下几个方面进行：

① 在地下室模型漫游的过程中，发现空闲空间较大的区域，重新排布车位，增加标准车位。

② 增加非标准独立车位：在地下室模型漫游的过程中，发现空闲空间较大的区域，但不足以排布标准车位，重新排布车位，增加非标准独立车位。

③ 增加并列式子车位：在地下室模型漫游的过程中，发现普通车位旁有较大空间，但不足以布置标准车位或非标准独立车位时，考虑将标准车位调整为并列式子车位，增加车位的价值。

④ 增加一字形子车位：在地下室模型漫游的过程中，发现普通车位后有较大空间时，考虑给普通车位增加一字形子车位，增加其价值。

⑤ 增加微车位：在地下室模型漫游的过程中，发现有空间，但不足以增加普通车位、非标准车位、子车位时。

通过 BIM 技术在地下停车位中的应用，再次证明了 BIM 技术可适用性和可操作性，项目在增加项目卖点的同时也实现了利润的增长，把 BIM 技术用于建筑业的发展，对行业发展有着重大的推进作用。

2）碰撞检查

初步设计即各专业根据方案设计阶段的成果进行细化，向深度设计延伸，提高模型深度和精度。同时，对建筑、结构、电气、给水排水、暖通等专业进行数据整合和协同，通过可视化浏览及冲突检测对初步设计的内容进行调整优化，保证设计质量，为后续的专项设计、施工图设计打好基础。

 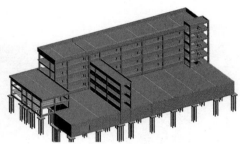

建筑初步设计模型　　　　　　　　　　　　　　结构初步设计模型

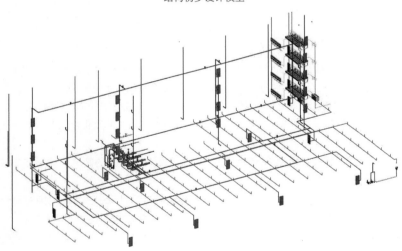

给水排水初步设计模型

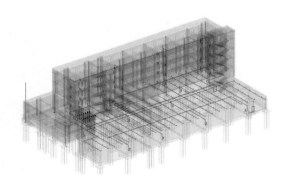

全专业模型整合

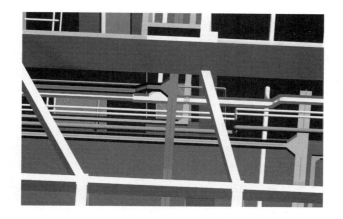

碰撞检查

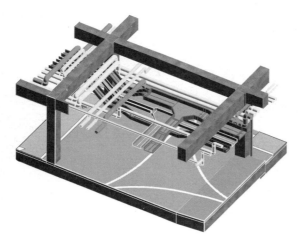

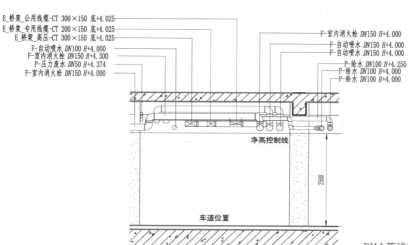

E_桥架_公用线缆-CT 300×150 底+4.025
E_桥架_专用线缆-CT 200×150 底+4.025
E_桥架_高压-CT 300×150 底+4.025
F-自动喷水 DN100 H+4.000
F-室内消火栓 DN150 H+4.300
P-压力废水 DN50 H+4.374
F-室内消火栓 DN150 H+4.000

F-室内消火栓 DN150 H+4.000
F-自动喷水 DN150 H+4.000
F-自动喷水 DN150 H+4.000
P-给水 DN100 H+4.250
P-给水 DN100 H+4.000
P-给水 DN100 H+4.000

净高控制线

2500

车道位置

BIM 管线综合及净高优化（mm）

3）专项设计

专项设计是项目的特殊组成部分。在初步设计的基础上进一步深化，以达到能指导施工的程度。需要进行专项设计的内容主要有：机电管线综合、幕墙专业、室内精装修、景观园林等，实际项目应根据实际需求确定相关内容进行专项设计，达到高质量的精细化设计要求。

4）工程量统计

通过 BIM 设计模型对项目工程量进行统计，能够精确计算混凝土梁、板、柱和墙的工程量，且与国内工程计量规范基本一致。对单个混凝土构件，BIM 能直接根据表单得出相应的工程量。但对混凝土板和墙进行计量时，预留孔洞所占体积均应被扣除。使用 BIM 软件内修改工具中的连接命令，根据构件类型修正构件位置，并通过连接优先顺序，扣减实体交接处重复的工程量，优先保留主构件的工程量，将次构件的统计参数修正为扣减后的精确数据，避免了构件工程量统计的虚增或减少。

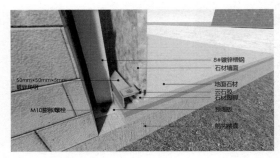

BIM 幕墙设计

BIM 精装修设计

BIM 景观设计

项目装修实拍图

5）施工图设计

根据现行的设计规范和相关标准文件要求，工程图纸依然是设计工作的主要交付物，施工图设计也是 BIM 设计工作过程中至关重要的一环。施工图设计应遵循项目之初制定的项目交付标准、BIM 制图标准等文件要求，对项目进行线型、视图、字体等方面的设置，通过标注完成所需的施工图设计。

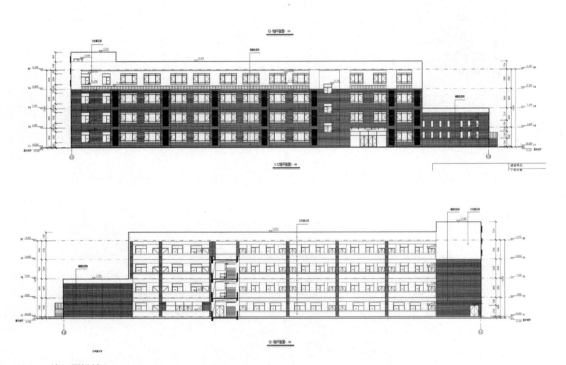

BIM 施工图设计

6）BIM 施工图审查

2020 年 7 月 29 日，湖南省住房和城乡建设厅印发了《湖南省住房和城乡建设厅关于做好全省房屋建筑工程施工图 BIM 审查工作的通知》。根据通知要求，全省新建房屋建筑在施工图审查时，应提交 BIM 模型完成 BIM 施工图审查。要严格按照《湖南省建筑信息模型审查系统模型交付标准》《湖南省建筑信息模型审查系统数字化交付数据标准》《湖南省建筑信息模型审查系统技术标准》开展 BIM 设计，并将二维施工图和 BIM 模型成果一并交付建设单位。建设单位登录湖南省施工图管理信息系统，同步上传二维施工图和 BIM 模型；BIM 模型应与二维施工图保持一致。虽然目前的审查工作开展还在试点运行阶段，平台也存在稳定性相关的问题，但 BIM 施工图审查的大势所趋已经是必然的。

7) BIM 数据的延续性

BIM 技术所构建的三维数据库涵盖了整个建筑工程管理中所有的数据信息,有助于项目的所有参与单位可以对建筑工程项目进行全面的了解。如果 BIM 数据库中的数据信息不存在延续性及一致性,那么,在建筑工程的实施过程中,将极易导致相关数据信息的丢失和信息传递出现错误,进而会对建筑工程的正常推进造成不利的影响,同时,也会影响建筑工程的质量和效益。通过运用 BIM 技术系统,构建三维数据库,可以保证数据信息的一致性与延续性,有助于建筑工程项目的有序推进。

其次,在传统的建筑工程管理模式中,相关的建筑工程数据资料保存不够完善,数据信息的不健全,将会导致在建筑工程项目的交付使用后期对运营维护工作造成较大困难。而 BIM 技术对整个建筑工程进行仿真模拟,将建筑工程各个阶段所涵盖的数据信息进行存储,保证了工程项目在交付使用以后的运营维护工作的顺利开展。

最后,在 PC 构件、钢构件、木材构件等装配式建筑中,基于 BIM 模型形成的深化设计成果,可以延续至生产加工环节,通过 BIM 与 CAM(计算机辅助制造)的结合,实现基于 BIM 的装配式构件数控加工一体化,为装配式建筑的数字化建造提供科学、精确的模型基础,也是 BIM 数据延续性的重大应用。

BIM

行之愈笃，知之益明。

——朱熹

数字化建筑

山

水

创

意

石　城

安　邦

2.1 湖南湘西自治州非物质文化遗产展览综合大楼

整体鸟瞰图

总建筑面积：
37891m²

建筑高度：
24m

设计时间：
2014~2015年

非物质文化遗产展览综合大楼位于山川绮丽、风情独特、物华天宝的吉首市经济开发区，是以展示当地独特的区域文化为主的多层公共建筑。该工程是湖南省唯一的少数民族地区级综合类国家三级博物馆，集文物收藏、非遗传承、民族教育等多功能为一体。2019年2月获评2018—2019年度第一批中国建设工程鲁班奖。

BIM 主要应用:

1.BIM 三维设计,三维空间定位图纸

2.管线综合设计

BIM 成就:

第十四届中国住博会最佳 BIM 设计应用奖;

2015 年中国 BIM 技术交流会最佳 BIM 设计应用一等奖;

湖南省第一届 BIM 技术应用大赛设计类二等奖。

建筑的"巨石"主体以山中之玉石为喻义，复合的表皮机理融合了当地石材、现代玻璃与湘西独特的样纹图案"西兰卡普"，镂空的仿陶瓷挂板或其他金属板材附着在"延绵山体"的表皮上，当夜幕降临，建筑内的光外透，展现出整体的浑厚大气而又不乏湘西特有的浪漫之美。地上一、二、三层层高均为7.2m，地下一层层高为5.2m。地上首层为非遗馆，二、三层为博物馆；地下一层为车库及非遗馆的临时展厅。

改变传统设计思路，BIM+二维模式进行正向设计，图纸更多的是三维空间图纸，更直观明了，以指导施工、完成设计交付为原则，将设计师所构想要建造或生产之建筑、结构、机电等空间、构件等先在计算机上进行三维模拟建造，其后形成满足相应要求的交付文件。

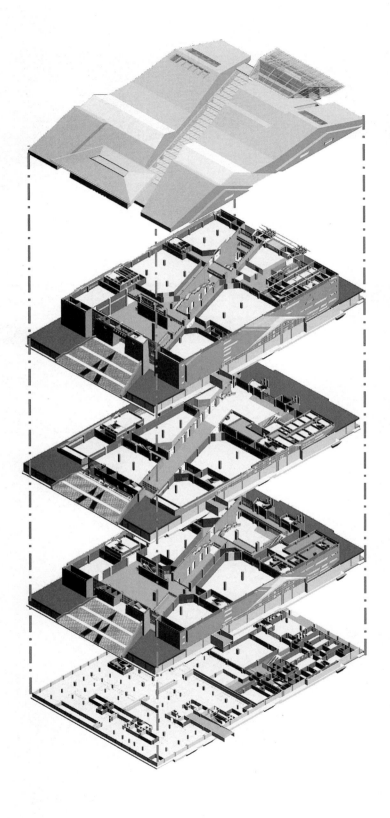

BIM 楼层剖切

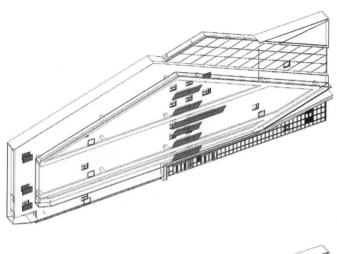

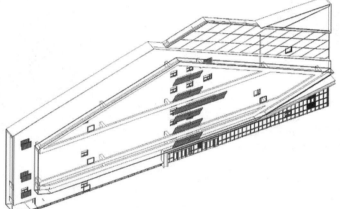

全专业设计图纸：不再局限传统的二维平面、立面、剖面图纸，以三维空间剖切图纸更加形象、直观地表达构件位置及连接形式。工作量大概是传统设计的150%～200%，设计质量大大提升，设计变更大量减少。

通过BIM模型，实现了外立面精准定位：本项目为异形博物馆，异形坡屋面坡度变化大。二维图纸难以表述详细，结构支撑标高定位难计算。

在外部造型建立后，推敲结构梁标高位置，三维观察空间关系，通过应用Revit"附着"命令,实现结构支撑精准定位。有利于后期直接用于现场技术交底，加强施工人员理解。

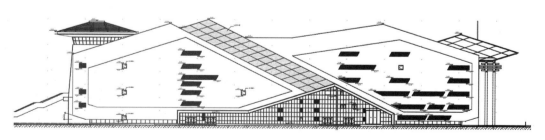

BIM 关联图纸

博物馆的"巨石"形式隐喻了稳定的、信赖的山，通过层叠而上尽显山石造型。建筑石材外立面更是设计的重点，建筑外立面的石材幕墙有三个层次：分别悬挑出墙面中轴线600mm、1200mm、2100mm。由于外挑的距离长，石材幕墙龙骨无法承受如此大的负荷，需要在主结构上设计次级结构悬挂幕墙。

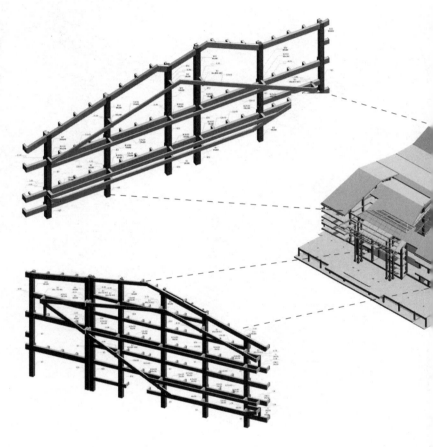

BIM 结构三维拆分图

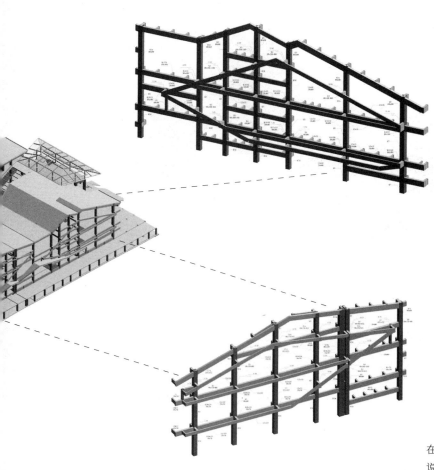

在设计中期，为了更加形象的说明"600""1200""2100"的悬挑宽度，设计师结合BIM，对结构模型制作拆分图，标注各类构件空间定位坐标。与传统节点大样相比，拆分图更加直观、清晰地表达了设计意图。通过制作"三维空间图"的尝试，在设计交底中也受到了施工单位的好评，奠定了后续BIM延伸应用的基础。

随着社会的不断发展，建筑设计精度不断提高，传统设计已无法满足要求。传统设计以二维平面为基础，无法给予设计师直观的空间感受，很容易在设计方案中出现空间问题。尤其对于机电专业，二维设计中常通过建筑底图定位管线位置，常常会出现管线碰撞、预留洞口位置偏移、安装空间不足等问题。

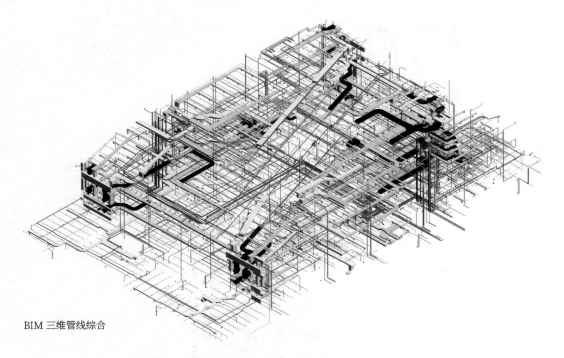

BIM 三维管线综合

◆ BIM 技术的可视化纠错能力直观、真实，将施工过程中可能发生的问题，提前到设计阶段处理，避免因各管材设备与土建结构的冲突而导致返工；

◆ 运用 BIM 技术精确完成预留孔洞定位图，能够避免因孔洞预留不准而导致的二次开孔、返工；

◆ 运用 BIM 技术进行净高复核，避免因管线标高不符合吊顶标高要求而导致各管线安装返工；

◆ 通过调整优化出图，科学安排施工顺序，合理组织管线交叉施工，使各项工作有序展开，既保证工程进度，又节省开支和降低工程成本；

◆ 在施工前，进行 BIM 管线综合优化，并按成果进行施工，记录施工全过程的数据信息，比传统的竣工图纸更为精确、信息更为丰富，能够为后期的运维管理提供数据基础。

以往施工图设计都是单专业设计，很少考虑专业协同，设计成果也都是平面图纸，从未考虑管道与管道之间的碰撞，对于部分空间净高，也很难保证是否全部满足规范要求。

在施工图设计过程中，设计师改变"正向设计"模式，以二维设计+BIM验证模式进行设计协同，虽然不是传统的正向设计，但是设计的过程是正向的，并且机电专业的正向设计由于族库积累以及不能出系统图等缺点，会大大降低设计效率，而BIM验证模式更加方便，更能发现设计中的问题。

以过程正向设计模式推动设计，解决管道间的碰撞问题，预留检修空间及支管安装空间等，把施工问题在设计阶段就考虑进来，最终出具了两套施工图：一套为传统意义的二维平面图，用于传统审查；另一套为管线综合设计BIM深化图，与传统施工图不一样，深化图更多考虑实际安装，主要是断面图及专业融合的综合图。

虽然增加了设计成本，延缓了设计进度，但管线综合的图纸深化施工方增收设计费用，保证施工顺畅，为后续EPC项目的施工问题前置打下了基础。

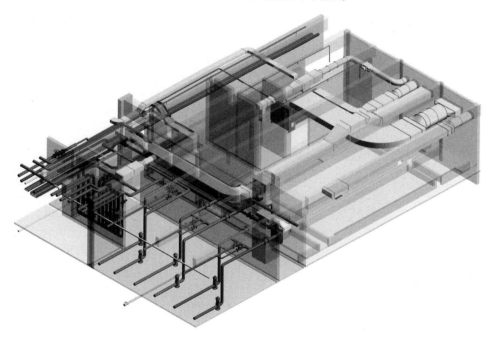

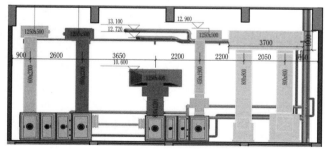

BIM管线细部综合

气流模拟检查分析：模拟气流由东南侧风口流入室内，从西北侧风口流出室外，从右图可看出：各房间空间上能形成南北通透的气流，室内气流相对均匀，室内整体自然通风效果不错。

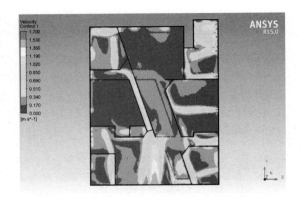

风速模拟检查分析：南侧大门入口处的风速相对较大，达到 1.6m/s。建筑风速在 0.20~1.70m/s，大部分区域风速相对较小，在 0.50m/s 以下。室内夏季局部风速较大处可通过控制风口开启状态来调节，满足非空调情况下室内舒适风速的要求。

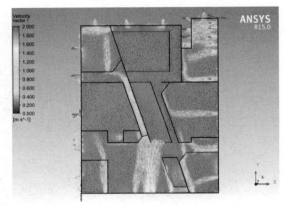

房间名称	地板面积（m²）	通风量（m³/s）	换气次数 / 取整（次 /h）
历史文物陈列厅 1	527.54	3.96	27
历史文物陈列厅 2	845.13	5.87	25
历史文物陈列厅 3	285.64	3.02	38
民俗文物陈列厅 1	950.50	7.64	29
民俗文物陈列厅 2	462.50	3.34	26
修复区域	663.14	3.49	19

数字化分析

设计阶段，搭建全专业 BIM，复核检查专业间，专业内的设计问题，通过标高、形式、碰撞的检查，减少了后续的变更。在施工阶段，通过 BIM 指导施工。BIM 不同于设计效果图，BIM 其实就是在计算机内虚拟建造，产生的模型和施工更加贴合。

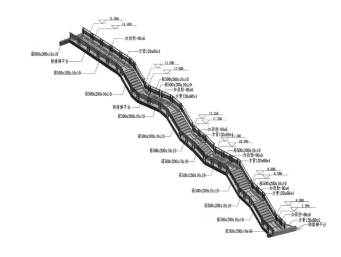

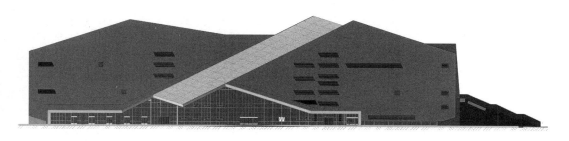

模型 / 实景对比

车位分析：对车位进行经济效益的分析，筛选出不合理车位：

1. 对每个车位按实际尺寸建模，在建模过程中分析车位与柱、墙的位置。如有碰撞或者转弯半径不合理，要采取不同的颜色区分，最终按明细表统计数量，将数据提交设计审核。

2. 采取VR模式，以不同车型开车视角，体验进行入库及坡道等常规开车行为，使影响开车的不利因素和空间紧迫感直观地被感受。

车位	颜色	车位数
普通车位（辆）		325
正常车位		282
坡道下车位净高不足		1
车位无法泊车		22
车位与墙(柱)冲突		10
车位影响门开启		4
车位间车道过窄		4
机械车位（组）		15
正常车位		13

车位分析检查

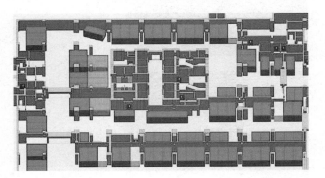

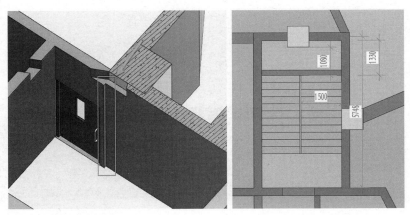

BIM 校核（mm）

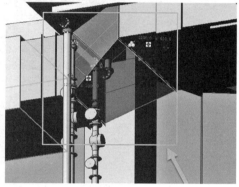

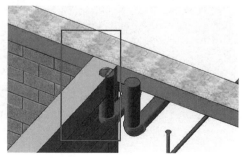

在模型校核过程中，发现了大量的设计问题，以"问题记录表"的形式反馈给设计师，设计师对此一一修改，节省了大量的"图纸答疑"时间，提升了设计品质。

主要问题有：图纸标识错误，结构构件连接形式、设计规范不符合要求，管道间的碰撞、净高不满足要求。

BIM 模型校核

建设实景

建成实景

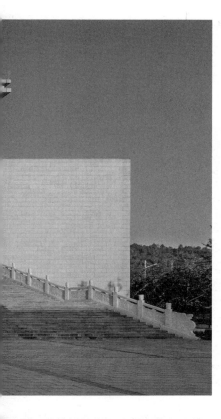

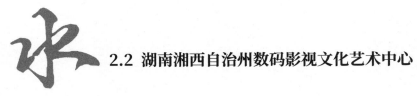

2.2 湖南湘西自治州数码影视文化艺术中心

文化艺术中心效果图

总建筑面积:
28218m²

建筑高度:
33.6m

设计时间:
2015～2016 年

数码影视文化艺术中心项目位于湖南省湘西自治州吉首市吉凤大道与丰达路交会处。项目建筑面积28217.89m²,结构类型为钢—钢筋混凝土框架结构。整体的建筑有二层大厅、整体剧场空间。一层为数码影视馆功能层,功能主要为观影厅及配套用房、观众服务用房及行政办公用房。

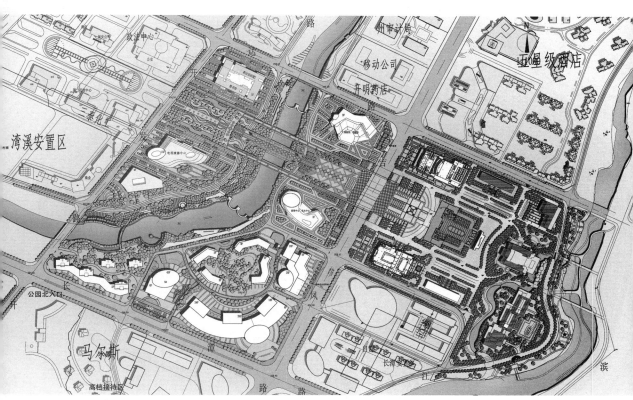

文化艺术中心总图

BIM 主要应用：

1. 参数化设计

2. BIM 正向设计

3. 管线综合设计

BIM 成就：

第六届龙图杯 BIM 大赛设计组三等奖；

第三届中国建设工程 BIM 大赛三等奖；

湖南省第一届 BIM 技术应用大赛设计类二等奖；

湖南建工集团第三届超越杯 BIM 大赛二等奖

设计理念：以水的意向反映建筑内涵。建筑造型如流水般流畅、圆润，体现出现代电子科技与多媒体的流动性及形态的不确定性。两个建筑主体近似椭圆，像两个明珠镶嵌在河畔。建筑基底采用梯田的形意，更增添建筑地域文化性，通过架空的处理方式，使建筑单体通透轻盈，远远望去，如诗如画。

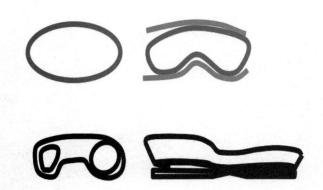

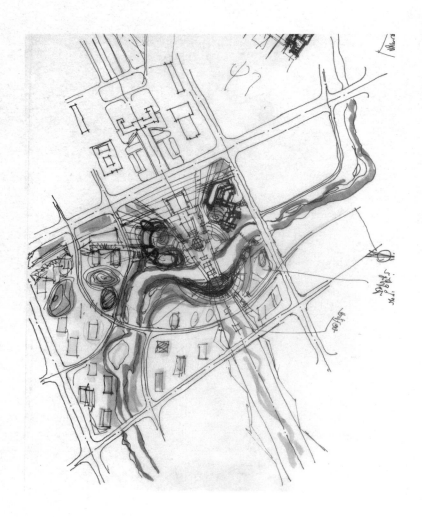

草图设计

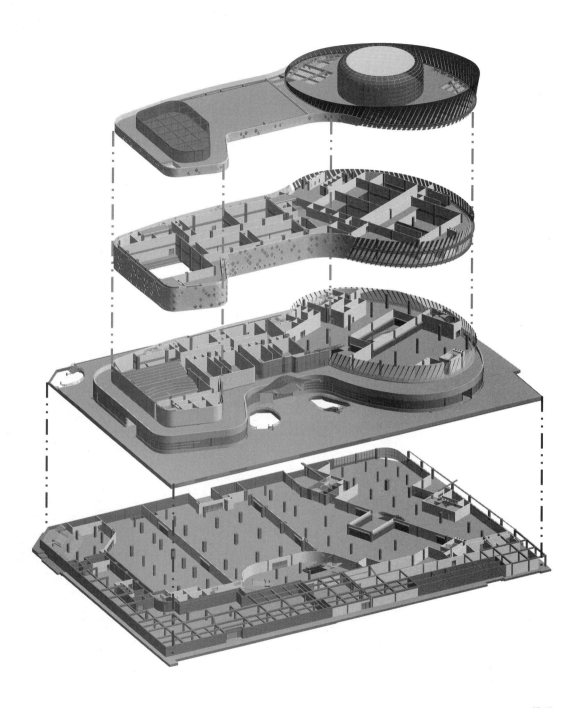

BIM 模型

表皮参数化：在确定了设计理念后，设计师结合 BIM 技术，在方案阶段，以不断变化旋转的椭圆为基础形状，以 Grasshopper 参数化软件进行参数化形体分析，不断地变换角度，融合形体，确定上升 5m 旋转一度的形式，底部、顶部两个椭圆融合成形体。上下环两两错位连接，形成两个倒三角形体嵌板。

纹理参数化：数字化形体形成后，与 Revit 软件相结合，利用 Revit 内的参数化功能，对嵌板按楼层进行分析，从底部、顶部以一块嵌板的形式生成，然后利用楼层 / 总高度，得到百分数，赋予嵌板，最终每层的嵌板面积及长度都以该百分数进行计算。

非圆形区域的处理：对于内部的采光通风等要求，将洞口位置及开洞大小结合模型进行分析。按照传统的 CAD 设计，不能完全考虑梁、柱、墙体对洞口的影响；洞口设计不是有理化的，需要根据房间功能随机确定洞口尺寸。没有数字化模型，很难达到理想的状态。

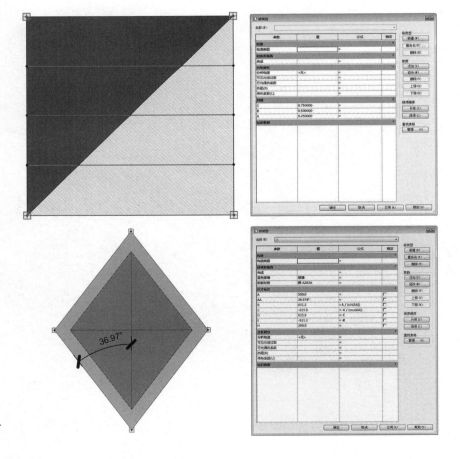

圆形玻璃嵌板
参数化

非有理化开洞尺寸

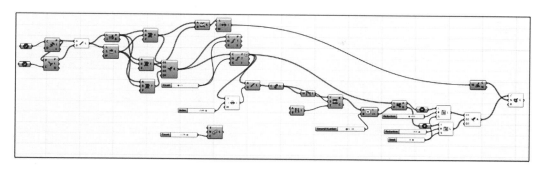

数字化形体推敲过程

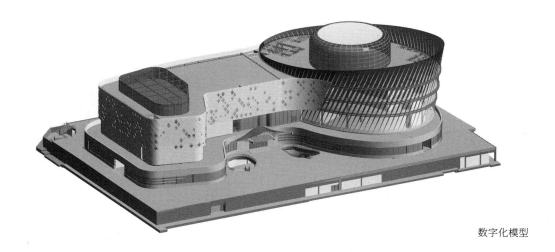

数字化模型

本项目以设计为先导，强调设计的重要性，并从上到下贯彻实施这一理念。设计的准确性，对于承包方的成本控制是积极的，设计方案的明确性有助于承包方把控成本。同时，设计质量的提升，将大大减少变更、返工，有助于加快施工进度，节约资源，降低成本。

BIM 技术在全过程建筑设计管理的应用和 PDCA 原理真正的贯彻落实，是提高工作效率和工作质量的有效途径，BIM 技术带来的更是全新的设计技术升级。

外表皮通过数字化手段推敲分析，将数字椭圆沿高程变化时水平方向发生旋转的过程作为项目的外观表现，并通过 BIM 技术的参数化丰富立面形式，形成不同的开洞形式，方案表达丰富多样，有效地保证了设计的准确性及设计精度，提高了设计效率。

影视中心与文化中心连接处,为了不影响人流疏散,需要对玻璃嵌板进行开洞拆分,在建筑内部空间,通过传统二维设计很难想象建筑内部空间组成,如梁高、梁宽等对实际净高的影响,且玻璃嵌板是斜的,进一步增加了难度,只有结合数字化全专业 BIM 模型,利用 BIM 技术的可视化特征,才能在模型内直接对玻璃嵌板裁剪。

综合考虑施工因素,直接出具三维空间定位图纸,将表皮按楼层拆分,统计尺寸及坐标,进行编号,送厂家统一加工。最后按编号在现场组装。

BIM 信息提取

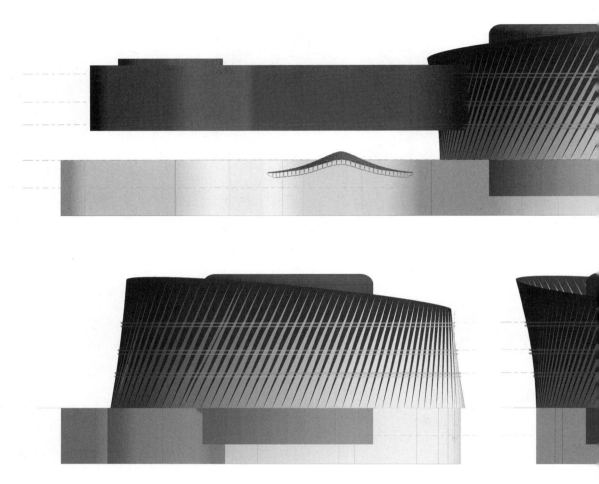

BIM 信息提取

大部分人对使用 BIM 技术进行正向设计可能有一定误解，他们理解的正向设计是必须使用 BIM 软件设计出所有的设计成果——建筑专业的平面、立面、剖面、说明及详图大样，结构专业的配筋详图，钢筋节点，机电专业的平面图、系统图等，从而走入了误区。想用 Revit 软件达到所有的成果是不可能的，在设计过程中，应充分考虑各软件的优势，BIM 是一个系统，并不是一个软件，如果 Revit 软件不能出系统图，可依旧使用传统的天正软件制作系统图。

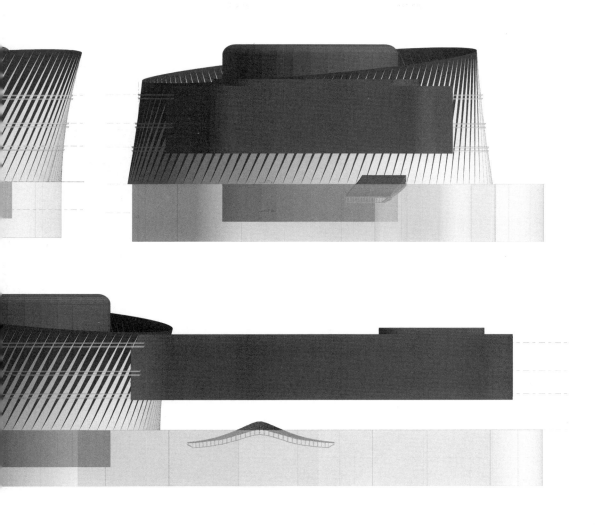

本项目正向设计的思路（包括后续项目介绍）都是传统设计 +BIM 设计。

外立面：复杂，是圆形传统二维制图，很难精确定位。因此，在完成 BIM 后，直接提取外立面，不需要做多余的修饰，快速且准确。

平面图：采用天正软件完成，方案修改方便，构件库多。而 Revit 关联性太大，一处修改，处处修改，对于方案的改动反而不灵活。

墙身大样：Revit+ 天正模式。Revit 导出框架，在天正内加工细化。Revit 对于构件细化并没有天正方便。

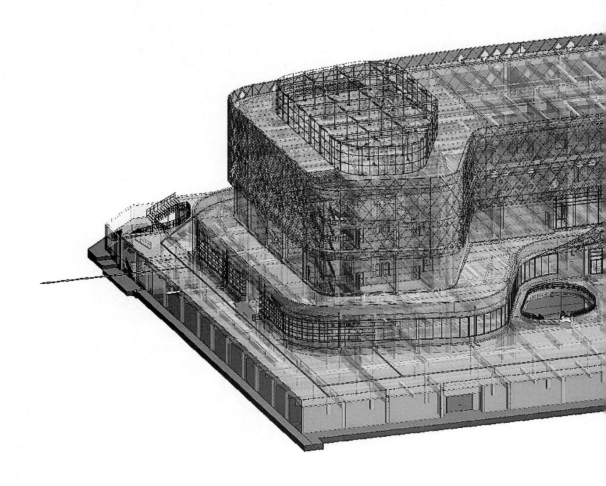

区别于传统设计，本项目全过程采用 BIM 技术进行协同设计，搭建了全专业三维模型。在设计阶段，解决在施工阶段才能发现的设计问题，大大缩减了项目建设周期，提高了设计质量。数字技术的介入，使该项目具备了整体和更精良的视觉效果，在沟通及展示上都起到了很好的效果，赢得了业主及施工方的好评。

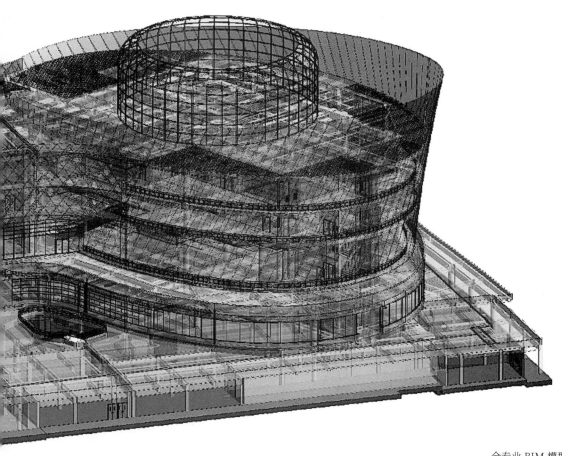

全专业 BIM 模型

图审之前，运用 BIM 软件对设计图纸进行全专业翻模。检查在设计过程中专业内、专业间存在的错、漏、碰、缺，通过模型的碰撞检查和调整，能更容易发现不同专业图纸之间的协调问题，并以"问题记录表格"的形式记录。和设计师约定两天进行一次问题对接，把遗留到施工阶段的设计问题消除，大大减少了后期重复的现场交底，更是对设计质量的极大提升。

吸取以前项目的经验，设计服务于施工，BIM 要发挥价值。既然使用了 BIM 技术，必须在设计阶段考虑施工所遇到的问题，把施工重（难）点考虑进去，本项目的重（难）点在外立面幕墙定位及管线安装。

外立面幕墙定位：采用 BIM 空间定位，出展开图、编号、送厂加工。

管线安装：设计阶段解决完所有碰撞，出管线综合图纸、断面图、三维图，交付给施工单位，施工单位无需进行二次深化设计。由设计本身进行深化设计，从成本、安全上更加容易控制，只是甲方不会增加设计费用，深化设计费用由施工方买单。

管道安装模型 / 现场对比

项目建成效果图

项目建成后效果

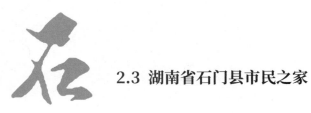

2.3 湖南省石门县市民之家

整体鸟瞰

总建筑面积:
129330m²

设计时间:
2016～2017 年

石门县市民之家位于石门县宝峰街道, 南临双宝路, 北临橘香路, 西临电厂路, 东侧为规划道路。项目建设内容包括"五馆两中心"(即文化馆、博物馆、图书馆、档案馆、规划展示馆、市民服务中心、文化演艺中心), 宝塔公园, 南岸风光带, 市政道路, 澧水四桥, 信息化建设及配套商业部分。它的开发建设对改善城市形象, 提升城市品位, 加强生态旅游城市的建设均具有十分重要的意义。

总平面图

BIM 主要应用：

1.BIM+ 全专业设计

2. 碰撞检查

3.BIM+ 施工服务

BIM 成就：

2018 年第七届龙图杯 BIM 大赛设计组三等奖；

2018 年第四届科创杯最佳 BIM 设计应用奖一等奖；

2018 年创新杯建筑信息模型大赛文化旅游类 BIM 应用第三名

大数据分析：在项目投标过程中，成立专项设计小组赴石门县进行大数据收集，对石门县的天气、道路以及石门县的设施点进行统计、分析。在方案设计前，剔除设计不合理因素；在方案设计过程中，将气候、人文、环境等因素融入设计；在方案过程中以"形"体现出来。

石门县一天之中的人口活力主要体现在老城中心、车站新城中心及宝峰路与夹山路交会处。活力规律：早晚低，下午至傍晚高，峰值出现在18时。从城市结构角度看，石门县已初步形成老城—宝峰—夹山—新城的活力带。

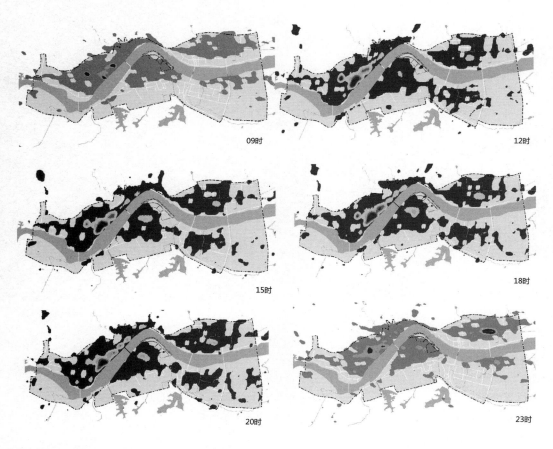

石门县活力分析

设施点多在澧水南侧，宝峰路—夹山路段新城与老城区隔河相望的设施集中区，并且设施集中区的发展脉络与总规构建的路网结构一致，具有向河北岸发展的趋势。主要设施有餐饮、购物、金融办公、酒店等，设施集中区距离地块仅 750m。其中，中小学已对基地全覆盖，同时基地内存在梯云塔风景设施。

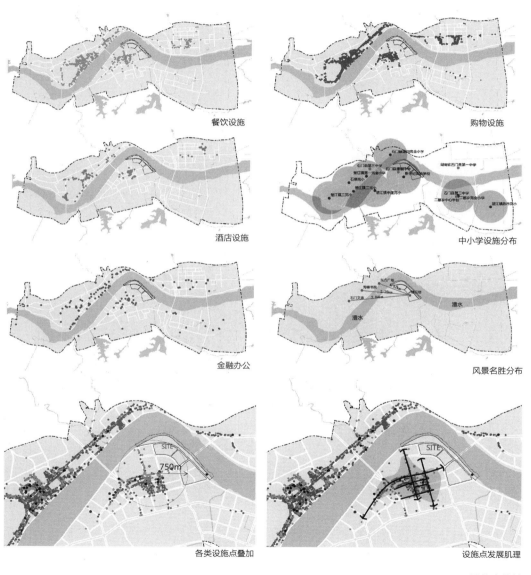

餐饮设施

购物设施

酒店设施

中小学设施分布

金融办公

风景名胜分布

各类设施点叠加

设施点发展肌理

设施点分析

时光留痕：设计如水冲石现，时光留痕、诗意天成。通过流水冲刷的自然形态，刻印到市民之家建筑群体中，建筑如生在水边灵石，或锋锐、或绵柔，建筑是醴水长河的印记，是石门历史的刻画，也是石门精神文化的展现。

冲刷的建筑：建筑不再仅仅是功能符号的展现，我们希望建筑是当地内在的精神图腾，是自然生长与承载时间的印记。我们的理解是：建筑最初作为基本形态存在，通过时间及文化激流的冲刷、打磨，最后成为所见的形体。这也是最本源的建筑形式，最接近合理的存在。

流动的地景：设计突破传统生硬的广场设计，将流动的地景作为建筑的依托，将灵动的水流与由水而生的河作为景观灵感的展现，赋予建筑活力，使市民之家充满生命力。

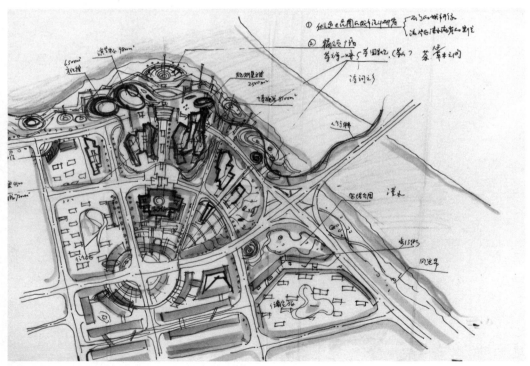

设计理念

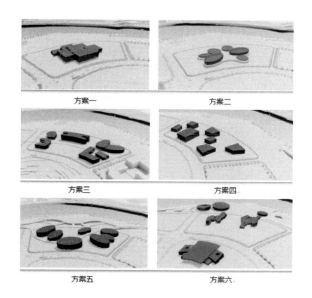

方案一　　　　　　　方案二

方案三　　　　　　　方案四

方案五　　　　　　　方案六

方案推敲过程

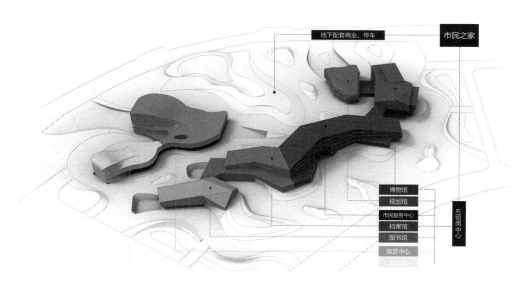

地下配套商业、停车

市民之家

博物馆
规划馆
市民服务中心
档案馆
图书馆
演艺中心

五馆两中心

概念设计在过去几乎完全依靠设计师的经验，从团队的其他设计成员得到的反馈意见，使得方案评估非常局限。本项目通过建立 BIM 三维模型，从多角度评估设计方案的外观形态、功能布局、能见度等。通过对 BIM 任意位置的剖切，观察墙、柱、屋面、装饰构件之间的空间体量关系，查看设计的合理性，及时修改、优化。同时，在建筑信息模型中，因为整个过程的可视化，可以用来显示效果地图和相关数据报告，从而使得各方协作。

手工模型

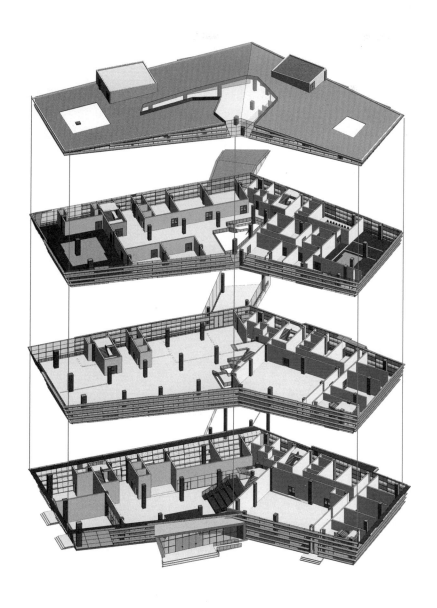

数字模型设计

虽说 BIM 技术的应用，给设计师提供了便利，设计师能随心所欲地根据自己的想法修改设计方案。但对于视角以及形体的把握并无真实显现。因此，设计过程中，参照 BIM 做了本项目五馆一厅的实物模型。

该模型主要供设计师修改表面的纹理，以及调整单体间的标高错位关系。它的比例从人视角度看，更加协调。设计师在得到方案修改灵感后，使用 BIM 技术，最终形成方案。

项目共包括五馆两中心，五馆为：博物馆、规划馆、图书馆、政务中心和档案馆。两中心为：文化中心和演绎中心。单体之间相互连接与组合，形成一个具有特色的市民之家。

在方案阶段，各专业设计师应用 BIM 技术开展项目设计工作，同时，基于 BIM 平台展开协同设计，避免传统设计中，专业间割裂的情况，保证设计成果准确、精细，提升了设计品质。在后期，进行了管线综合深化设计、钢节点深化设计，在设计阶段解决了施工期间所遇到的重（难）点。

图书馆（建筑模型）

文化中心和演艺中心（建筑模型）

政务中心和档案馆（建筑模型）

图书馆（结构模型）

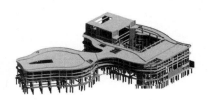

文化中心和演艺中心（结构模型）

BIM

政务中心和档案馆（结构模型）

项目方案不是经过参数化推敲而来，但是规划馆的屋顶的确采用了 Revit 软件的"族参数化"推敲。设计时，设计师需统计屋顶嵌板的面积，嵌板有铝合金材料、玻璃材料，需分别计算其面积和比例，BIM 软件的明细表很快、很方便地展现这一功能。

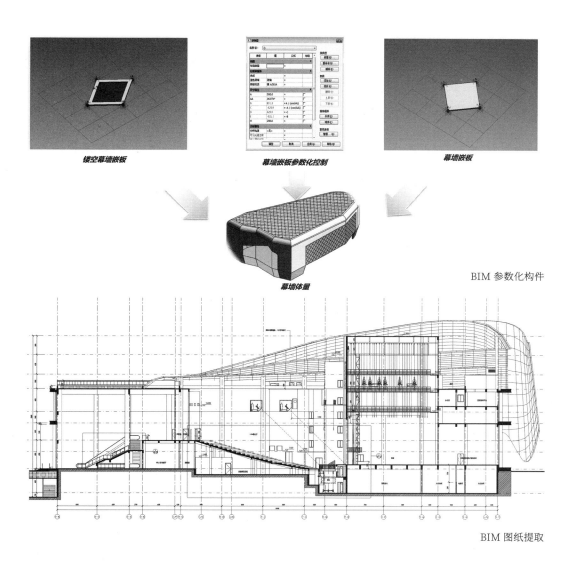

BIM 参数化构件

BIM 图纸提取

记得当时设计负责人说过："在做文化中心和演艺中心设计时，幸好使用 BIM 做正向设计。因为内部空间组合太复杂，标高变化太多，可能一个空间就有多处标高变化，很容易把人绕晕。"虽说 BIM 设计制图效率相对要低，但是绘制施工图时，有了 BIM 作为参照，相当于虚拟施工一次，使得设计图纸修改次数少、质量更高。

本项目最大的优势就在于将 BIM 融入了设计中，从方案设计阶段 - 施工图设计阶段 - 专项设计，都留下了 BIM 技术的影子，考虑到后续的施工和运维，也使用 BIM 技术进行各项推敲、分析、检查。综合考虑不利因素，使用 BIM 和 VR 技术向业主汇报，这样的设计也是业主希望看到的。

通过模型的碰撞检查，发现不同专业图纸之间不协调的问题，减少了近 70% 图纸中的错误，同时提高了图纸会审的效率。

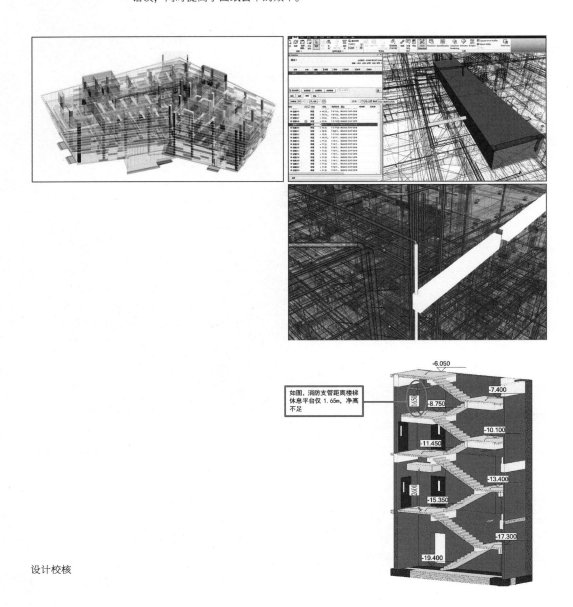

如图，消防支管距离楼梯休息平台仅 1.65m，净高不足

设计校核

通过模型的可视化检查，对各休息平台标高、休息平台的净高进行核对，对一些不符合
设计要求的点，反馈设计，进行修改。

以第一人称或第三人称模拟开车视角。检查地下车库停车位及转弯半径是否合理，对部
分不好停车及车停不进的车位，并提出优化建议。

第一人称或第
三人称视角对
图书馆二楼大
厅的视线进行
分析

各馆及中心的装修方案设计前置，从地面铺装到吊顶，效果图全程采用 BIM 推敲渲染。

各馆装修 BIM 效果图

钢结构设计：在设计阶段使用 tekal 软件建立钢结构模型，并与土建结构模型整合，根据施工现场实际情况建立完整的钢筋模型、预留洞口及套管模型，为钢结构插筋孔洞预留位置。

在设计模型中，直接提取所需要的深化图纸，指导钢结构厂家生产加工。在施工服务或者设计交底时，使用模型与施工人员交流，将 BIM 模型和施工现场情况进行对比，检查施工与设计的一致性，并通过模型指导施工，使工人更容易看懂设计意图，减少施工误差。

BIM 模型与施工现场
对比检查和质量管控

为了施工与设计的一致性，通过 BIM 进行设计交底，使设计意图更加清晰、明确，指导现场施工能减少大量的返工，缩短项目周期，对项目的进度控制，成本控制意义非凡。

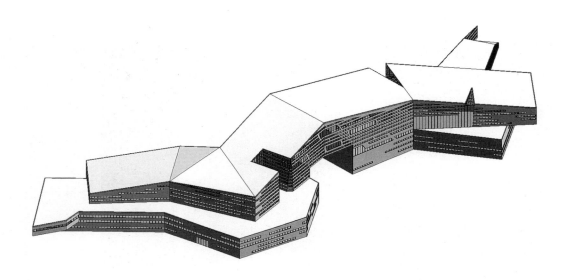

各馆 BIM 与施工现场对比检查

项目实拍效果

2.4 重庆腾讯双创社区项目

整体鸟瞰效果

用地面积:
25960m²

总建筑面积:
120460m²

建筑高度:
56.8m

设计时间:
2018～2019 年

重庆腾讯双创社区由重庆市九龙坡区政府、腾讯、英诺创新空间、歌斐资产联合筹建。腾讯开放平台投放核心资源,英诺创新空间负责运营管理。项目位于重庆市高新技术产业开发区东部的九龙坡区华福大道66号,成渝高速以南,迎宾大道以西。交通便利,人流汇集,是重庆市发展高新技术产业和改造提升传统产业的重要基地,推进跨越式发展的新起点。

总平面图

BIM 重点应用：

1.BIM+EPC

2.BIM+ 装配式设计

BIM 成就：

2019 年第八届龙图杯 BIM 大赛设计组一等奖

2019 年创新杯建筑信息模型大赛科研办公类 BIM 应用第三名

设计理念

山的形态

根据重庆山城的特点，从中提取山形的轮廓加以加工、变异，运用到建筑之中，让整个建筑物理氛围融合到城市环境之中。

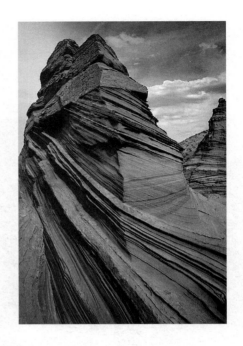

腾讯双创社区项目设计理念

水的动感

将自然中的虚与实，强与弱的对抗美学运用到建筑中，同时根据内部功能需求，展现未来美好生活。

序的哲理

结合"山地梯田"的层叠方式，在建筑"内部"运用展示，同时植入绿色植被，使得城市、建筑、环境的有机结合。

效果图

EPC 项目协调

重庆腾讯双创社区以"连接创新者，发现未来"为愿景，持续加大对入驻项目的服务，致力于连接创业企业、投资机构、大型企业，为创业企业提供更全面深入地服务。

项目中标后，施工、设计、业主三方经常召开方案讨论会。讨论建筑外形、外立面及内部功能划分等。业主、设计部门、施工部门便建立起了有效的协同工作机制。定期召开会议，就目前设计方案存在的问题寻找解决和调整的方法，保证了项目信息在各部门间沟通的流畅性，保证了"前策划"这一设计理念在本项目中得以执行。为了加强和施工方、甲方、规划局等各方的协调和交流，设计方派代表长期驻场项目部，可及时反馈问题及解决设计问题，并可将施工现场进度及时反馈给设计。

项目初期，为了尽快地确定方案、推进进度，设计人员想了各种办法。如：

1. 设计师常驻现场，现场办公。
2. 将方案贴在项目部办公室墙上，让施工方及时了解项目，明晰设计意图以及可以随时提出优化意见。
3. 向甲方汇报设计方案和设计所遇到的困难，以及需要甲方协调的问题。
4. 和施工方去各个"点"确定影响方案的问题，如红线区域、地铁接口等细节问题。

项目现场进度图

总承包动员会 设计施工调度会议

方案汇报讨论会 项目部例会 方案研讨会

项目协调过程

BIM 方案推敲

许多人认为：前期的 EPC 沟通只有交流和汇报的作用，看似和 BIM 没关系，其实则不然。在了解到各方需求和要求后，设计人员通过搭建 BIM，可研究设计建筑的外观效果、功能布

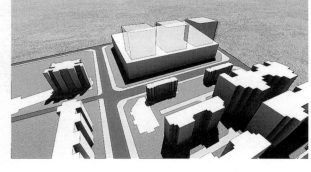

优点：利用率高。
缺点：1. 建筑体量过大，对周边环境造成压迫感；
2. 与周边环境不协调；
3. 无法吸引人流；
4. 场地内部公共活动空间匮乏；
5. 办公区域较为分散，商务互动、交往能力较弱。

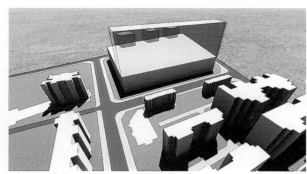

优点：利用率高。
缺点：1. 建筑体量过大，对周边环境造成压迫感；
2. 与周边环境不协调；
3. 无法吸引人流；
4. 场地内部公共活动空间匮乏；
5. 办公区域较为分散，商务互动、交往能力较弱。

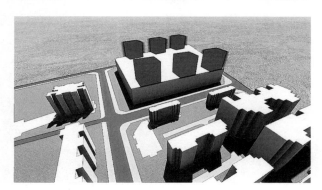

优点：利用率高。
缺点：1. 建筑体量过大，对周边环境造成压迫感；
2. 与周边环境不协调；
3. 无法吸引人流；
4. 场地内部公共活动空间匮乏；
5. 办公区域较为分散，商务互动、交往能力较弱。

局、能见度，确保其合理性、可行性。展示及对比了不同的项目设计方案、测绘项目四周建筑物及道路的大小、位置、能见度等。

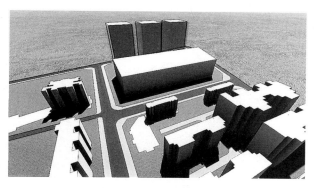

优点：办公与商业相互独立，避免干扰。
缺点：1. 利用率不高，土地利用浪费严重；
2. 办公与商业太过于独立；
3. 办公区域较为分散，商务互动、交往能力较弱；
4. 场地内部空间单一，无法吸引人流进入其中，不能有效地激活场地生活气息。

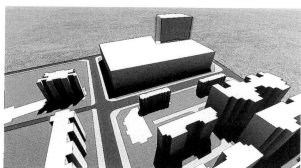

优点：1. 利用率大；
2. 办公与商业相互独立，避免干扰；
缺点：1. 建筑体量过大，对周边环境造成压迫感；
2. 与周边环境不协调；
3. 场地内部空间单一，无法吸引人流进入其中，不能有效地激活场地生活气息；
4. 场地内部公共活动空间匮乏。

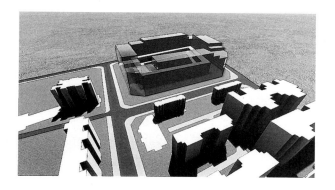

优点：1. 利用率大；
2. 场地内部空间丰富，可较好地吸引人流进入其中；
3. 商业空间与办公空间呈竖向分布，商业集中在 1、2 层，办公空间集中在 4～8 层，避免了相互之间的干扰，但又相互连接，使用便利；
4. 引入中庭，丰富内部空间，增加景观界面；
5. 整体呈围合之势，与外部空间环境形成复合界面，限定空间范围，与城市环境相融。

BIM 方案推敲

通过方案比选，确定了设计
方向，在多次沟通和汇报过
程中，结合 BIM 技术，不断
的确定细节，完善内部功能，
方案终成型。

投标方案

1. 方案转型。
2. 建筑体量缩小，红线在东西
向各退距 20m，南北方向退距
15m。
3. 方案由原先的船形转型为重
庆特有的山区形体。
4. 外立面的通透性：由原先的
小洞口变成现在 24m 四层高
的大跨度洞口。
5. 地铁不做接口，直接做风雨
连廊到地铁站，节约造价。
6. 取消智能停车位设计，保留
传统的停车方式，节约造价。

方案转型 - 山区形体

地铁连廊

地下停车场

通过 BIM 软件（Revit+Lumion），搭建出三维方案模型，可推敲研究设计建筑的外观效果、功能布局、能见度，确保方案的合理性、可行性。包括展示及对比不同的项目设计方案，测绘项目四周建筑物及道路的大小及位置，能见度模拟分析等。

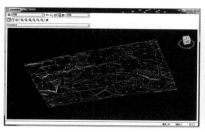
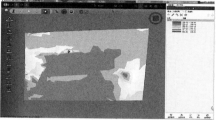

根据地形图建立本项目三维地形模型，针对场地的高程、流域、汇水等情况进行数据分析，为项目的竖向设计提供参考依据。从地形图可以看出，本项目场地范围内地势平坦，高低落差小，大部分高程在 341～345m。

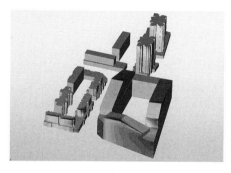
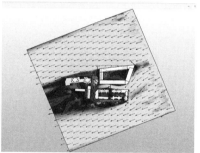

项目坐落于重庆市，查看《民用建筑供暖通风与空气调节设计规范》GB50736—2012，采用 Autodesk CFD Simulation 软件对项目的设计模型进行了风环境的模拟与分析。

应用 Ecotect Analysis 分析软件模拟建筑的采光环境及日照分析、合理的建筑体量和间距，保证冬季充足的日照和建筑相互遮阳，营造出舒适的热工环境。

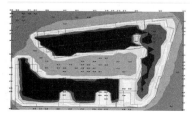

BIM+ 新技术推敲设计

在方案设计过程中，还采用了 VR 及无人机技术对建筑物周边环境做了分析，模拟四季变化。

使用 VR 创作，便于设计师快速决策，大幅度提升设计效率。

VR 中汇报与甲方同步进入设计场景，降低沟通过程中信息衰减，减少汇报次数。

节约 80% 建筑表现成本。相比于传统的效果图和三维动画制作，可节约 80% 建筑表现成本。

BIM+VR

四季模拟

采用倾斜摄影技术，通过大疆无人机对项目场地及周边环境进行数据采集，并导入 ContextCapture 软件进行三维实景建模，通过 Acute3D Viewer 软件进行三维模型展示，推敲设计和现场环境的契合情况。

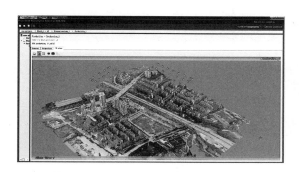

BIM+ 倾斜摄影

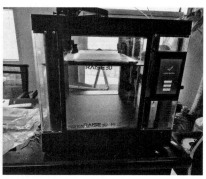

BIM+3D 打印

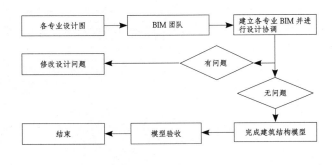

建筑结构协调流程

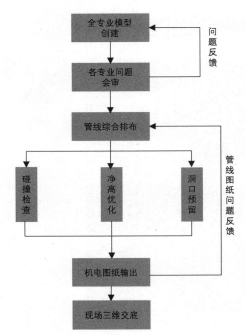

全专业协调流程

BIM+ 专业协调

在初步设计及施工图设计阶段，BIM 技术应用主要是制作全专业 BIM 和设计各专业的协调。

建筑设计与结构设计之间的协调主要是针对项目结构设计进行，在结构布置的时候要与建筑设计中的平面设计密切配合，使得项目建筑设计不但美观实用，而且在保证结构受力合理的情况下，造价最为经济。通常建筑结构设计和建筑设计是由两个不同专业的技术人员分开进行的，建筑设计主要是平面效果设计，结构设计主要是建筑的受力结构设计，传统的 CAD 设计是很难将两个融合的，通常会由于两个专业之间的沟通不到位，导致后续设计图纸出现专业间的碰撞，本系统设计针对该问题，用 BIM 绘制出 3D 建筑模型，通过检查发现结构设计和建筑设计之间存在的问题，及时调整和修正，保证施工正确进行。

在完成建筑结构设计模型和 MEP 管道系统设计模型后，对两个专业的设计进行协调，防止发生碰撞。在机电模型搭建完成后，制定项目管线综合实施流程、机电管线避让原则：包括碰撞检测、净高优化、洞口预留等。

考虑机电管线及设备的安装空间及检修空间，对管线、设备综合排布，使管线、设备整体布局有序、合理、美观，最大程度地提高和满足建筑使用空间。

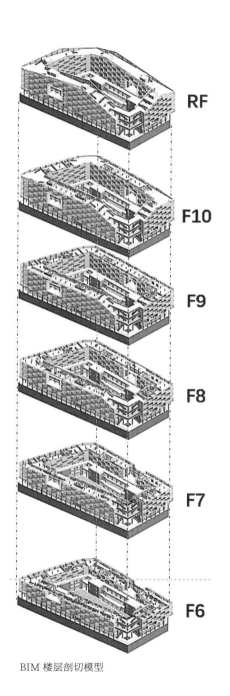

RF

F10

F9

F8

F7

F6

BIM 楼层剖切模型

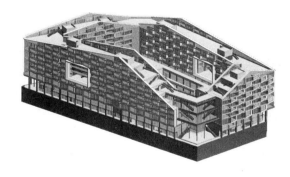

BIM 全专业模型

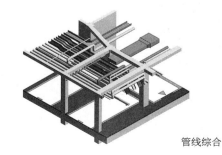

管线综合

BIM+ 专项设计

根据装修设计的方案，对项目的精装修进行精确的 BIM 建模，配合渲染实时浏览等方式，提前展示项目的装修效果。

本项目为 EPC 项目，BIM 与设计各专业都紧密结合（如概预算、装饰装修等），使得

BIM 幕墙工程量提取

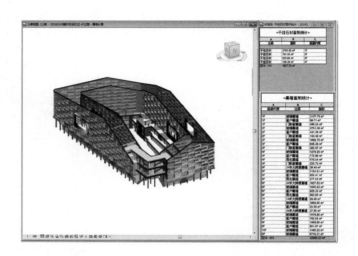

BIM 精装渲染

数据及模型最大化被利用。

为了更加准确地统计各专业的工程量，在项目前期，各专业都制定了严格的建模规则。结构专业建模规则：柱剪切梁、梁剪切板、剪力墙剪切所有构件。建筑专业建模规则：建筑墙横向遇柱必断开，竖向遇楼板及梁必断开。最终以明细表的方式提交概算，为项目的工程材料计划、工程造价提供了数据支持。

使用 TW 软件进行外部商业景观、建筑中庭景观、建筑立面垂直景观等设计。画出三维可视化效果图及漫游动画，辅助景观设计决策，使景观设计更为合理。

在传统模式下，大量的设计工作都是画图，在 BIM 设计模式下的施工图出图要方便许多。设计师能把更多的工作花在项目的设计模型搭建上。

从 BIM 模型中生成设计图纸，可以保持模型与图纸的联动，实现项目图纸的"一处修改、处处修改、实时同步"，避免了当项目发生设计变更时，产生出大量、烦琐的图纸修改工作。根据项目实际情况，制定相应的 BIM 表达标准和视图样板确定，对出图的线型、字体进行设置，满足二维出图的标准要求。

BIM 景观设计

BIM 图纸提取（示意）

BIM+ 装配式设计

对项目的各专业方案模型搭建，直观地对预制装配方案进行初步设计。根据装配式设计方案，搭建项目整体模型，对结构模型中预制构件（主要是叠合板）进行预制属性指定，开展结构计算、分析及优化，并对预制构件进行配筋。

结构模型

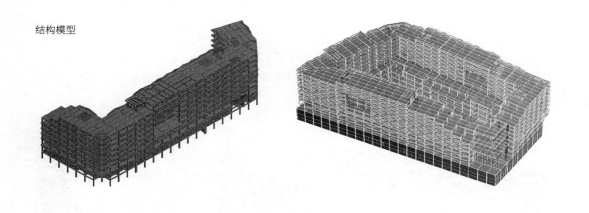

装配式设计流程

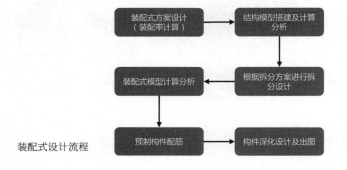

配合 BIM 技术的实时统计功能，依照《重庆市装配式建筑装配率计算细则（试行）》中规定的计算方案进行计算，快速反应各方案装配率得分，以满足设计要求。

依据 BIM 模型实时统计计算功能，快速计算装配式各得分项目，并将各类装配式优缺点向业主说明，由业主做决策，最终本项目以 PC 构件装配。

类型	标高量	面积（m²）
叠合板	标高 2	679.75
建筑投影面积板	标高 1	971.02
烟道井面积板	标高 1	0.88
现浇板		60.08
电梯间面积板		49.18
预制楼梯梯段投影面	标高 1	28.80

BIM 现浇装配
明细统计

装配率汇报讨论

BIM+ 装配式深化

确定装配率后，使用 BIM 软件直接进行装配式拆分深化。应用所见即所得的 3D 环境，针对预制构件的建筑信息、结构信息、机电信息等内容进行深化设计。

建筑信息主要包含有：构件外形、防水保温、其他，结构信息主要包含有：结构连接、结构附件，机电信息主要包含有：管线定位、洞口预留、线盒配电箱预埋、管线连接及预埋、线管开槽、开关插座、支架吊架预埋等。

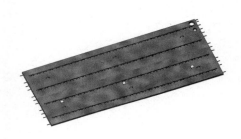

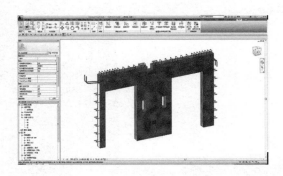

BIM 参数化构件深化

通过建立参数化的叠合板、叠合梁、预制柱、外挂墙板等族构件模型，依据装配式方案进行构件深化设计。凭借 BIM 参数化设计的特点和功能，构件可自适应其尺寸的变化，生成满足要求的预制构件模型，实现快速深化设计。

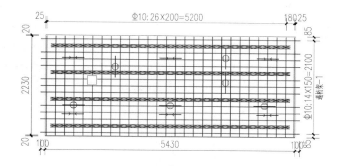

BIM 装配式构件出图

类似于传统二维设计，在模型完成后，还需要完成出图工作。这又不同于传统的二维设计。我们的各类图纸都是从模型当中剖切提取，只有少部分细节须重新修饰。所以，在前面的各类数据中，一定要将各类构件的做法统一标准，各类构件的搭接须满足出图的需求，通过优化项目浏览器和标准化视图样板，BIM 平台整合装配式及机电专业的 BIM 模型，进行冲突检测，对预制构件进行预留洞口设计，深化设计出图。有了模型就能快速统计各类工程量材料。

材料统计清单

叠合板						
浇筑单元	类型	材料	体积 (m³)	重量(kg)	钢筋重量(kg)	合计重量(kg)
PCB-1-1	预制板	C40	0.37	919.86	49.93	969.79
附件	材料	附件单重(kg)		每构件总重(kg)		每构件合计重量(kg)
浇筑单元数量：	1		浇筑单元总重量(kg):	969.79	附件总重量(kg...	0.00
浇筑单元	类型	材料	体积 (m³)	重量(kg)	钢筋重量(kg)	合计重量(kg)
PCB-2-1	预制板	C40	0.27	669.60	39.44	709.04
附件	材料	附件单重(kg)		每构件总重(kg)		每构件合计重量(kg)
浇筑单元数量：	4		浇筑单元总重量(kg):	2836.17	附件总重量(kg...	0.00
浇筑单元	类型	材料	体积 (m³)	重量(kg)	钢筋重量(kg)	合计重量(kg)
PCB-3-1	预制板	C40	0.26	645.60	37.79	683.39
附件	材料	附件单重(kg)		每构件总重(kg)		每构件合计重量(kg)
浇筑单元数量：	1		浇筑单元总重量(kg):	683.39	附件总重量(kg...	0.00
浇筑单元	类型	材料	体积 (m³)	重量(kg)	钢筋重量(kg)	合计重量(kg)
PCB-4-1	预制板	C40	0.35	873.89	50.35	924.24
附件	材料	附件单重(kg)		每构件总重(kg)		每构件合计重量(kg)
浇筑单元数量：	1		浇筑单元总重量(kg):	924.24	附件总重量(kg...	0.00
浇筑单元	类型	材料	体积 (m³)	重量(kg)	钢筋重量(kg)	合计重量(kg)
PCB-5-1	预制板	C40	0.27	665.10	39.30	704.40
附件	材料	附件单重(kg)		每构件总重(kg)		每构件合计重量(kg)
浇筑单元数量：	49		浇筑单元总重量(kg):	34515.80	附件总重量(kg...	0.00
浇筑单元	类型	材料	体积 (m³)	重量(kg)	钢筋重量(kg)	合计重量(kg)
PCB-6-1	预制板	C40	0.26	656.10	38.81	694.91
附件	材料	附件单重(kg)		每构件总重(kg)		每构件合计重量(kg)
浇筑单元数量：	2		浇筑单元总重量(kg):	1389.82	附件总重量(kg...	0.00
浇筑单元	类型	材料	体积 (m³)	重量(kg)	钢筋重量(kg)	合计重量(kg)
PCB-7-1	预制板	C40	0.35	866.05	51.32	917.37
附件	材料	附件单重(kg)		每构件总重(kg)		每构件合计重量(kg)
浇筑单元数量：	1		浇筑单元总重量(kg):	917.37	附件总重量(kg...	0.00
浇筑单元	类型	材料	体积 (m³)	重量(kg)	钢筋重量(kg)	合计重量(kg)
PCB-8-1	预制板	C40	0.26	653.10	38.75	691.85
附件	材料	附件单重(kg)		每构件总重(kg)		每构件合计重量(kg)
浇筑单元数量：	6		浇筑单元总重量(kg):	4151.12	附件总重量(kg...	0.00
浇筑单元	类型	材料	体积 (m³)	重量(kg)	钢筋重量(kg)	合计重量(kg)
PCB-9-1	预制板	C40	0.38	941.31	53.80	995.11
附件	材料	附件单重(kg)		每构件总重(kg)		每构件合计重量(kg)
浇筑单元数量：	3		浇筑单元总重量(kg):	2985.33	附件总重量(kg...	0.00

BIM 装配式构件清单

BIM+ 装配式施工

本项目的装配式施工，运用 BIM 技术将整个过程直观地呈现，一些重要施工环节也会得到展现。比较不同施工计划、工艺方案的可操作性，根据直观效果决定最终的选择方案。查找问题、模拟建造，并通过 BIM 施工深化模型，对项目中的技术重点、难点

进行分析研究，从而科学策划，减少后期在施工过程中的工期延误。采用 BIM 技术的虚拟建造，可以让项目管理人员在开工前预测项目建造过程中，每个关键节点的施工现场布置、大型机械及措施布置方案。

设计验收

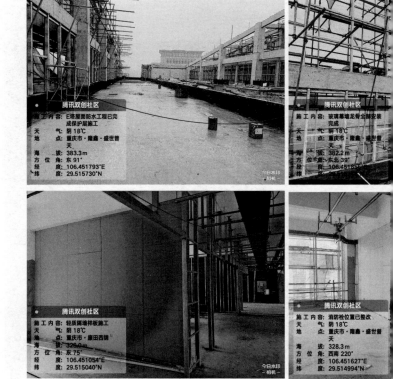

材料标识牌

工程名称:	腾讯双创社区（重庆高新）项目1、2、4F装饰工程	
材料名称: 防水石膏板	生产厂家: 瀚瑞	
规格型号: 1200×2400×9.5㎜	进货时间: 2020年9月24日	
施工内容: 材料入场检验合格标识牌	检验人: 罗浩	
状况: 合格	标识人: 何建	
	湘渝九龙	

2.5 湖南创意设计总部大厦项目

创意大厦鸟瞰图

总建筑面积：
101535m²

容积率：
3.5

建筑高度：
72m/99m/90m

设计时间：
2019 年

建造时间
2019 ~ 2020 年

项目位于长沙市马栏山视频文创产业园，东临滨河联络路，南接中央绿轴公园，西临东二环，北接滨河路，区域位置极佳。

本项目为钢结构装配式项目，使用 BIM 技术进行全过程管理。利用 BIM 技术优秀的信息承载能力，提高项目设计、施工的速度、精确性和质量，减少项目全周期的信息流失，不仅降低了项目前期的投入资金，而且减少了项目使用阶段的维护成本。

本项目定位于"优秀建筑设计""智慧楼宇""绿色建筑三星标准""五个示范"工程。

项目区位图

BIM 重点应用：

1.BIM+EPC 设计 + 项目全过程咨询

2.BIM+ 装配式设计

BIM 成就：

2020 年第九届龙图杯 BIM 大赛设计组二等奖

2020 年创新杯建筑信息模型大赛全过程 BIM 应用第二名

湖南是多元文化汇聚之地，像素化的盒子代表着一种包容性。本项目由各种尺度和功能的盒体空间交织而成，以大小不同的像素盒子容纳不同的功能，意欲打造城市公园里的文化孵化器，生态公园里的创意孵化基地。兼收并蓄，组合灵活的像素之城也是对湖湘文化开放特性的集中概括。聚沙成塔·创意之都，自然之丘·森林城市。

像素之城

山水洲城

聚沙成塔，创意之都

城市公园里的文创孵化链
Creative incubators in urban parks

Hill of Nature, Forest City

自然之丘·森林城市

空中平台
架空平台
生态网络步行系统
空中连廊
屋顶花园

1. 媒体立面
2. 交互空间
3. 智慧环境

媒体之城

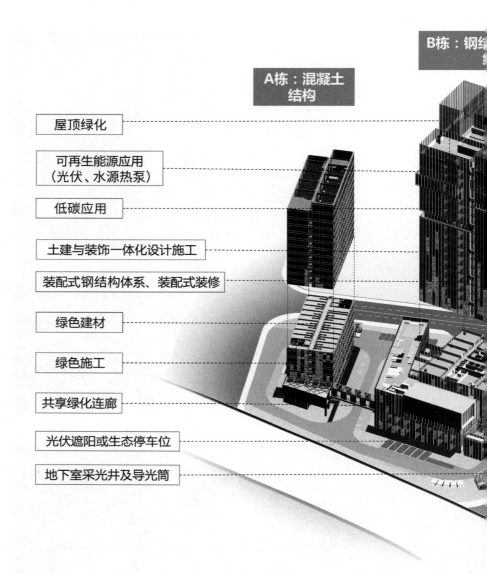

B栋：钢结构

A栋：混凝土结构

- 屋顶绿化
- 可再生能源应用（光伏、水源热泵）
- 低碳应用
- 土建与装饰一体化设计施工
- 装配式钢结构体系、装配式装修
- 绿色建材
- 绿色施工
- 共享绿化连廊
- 光伏遮阳或生态停车位
- 地下室采光井及导光筒

本项目在设计各阶段的 BIM 实施目标包括：

1. 全过程服务 BIM 实施标准的制定。在项目前期，根据项目的特点与参与团队的组成，制定项目的实施手册。包括：项目应用范围、应用标准、建模标准、命名规则、出图标准、协同平台及协同原则、人员分工组织、实施计划、实施控制流程、质量控制等规范项目的实施过程；

2. 同步进行各专业模型的创建。对各专业的图纸校核，检查图纸中的错（漏），并直接从模型产生设计立面、剖面及复杂节点大样；

3. 碰撞检查：通过对各专业的 BIM 进行整合，并进行碰撞分析。对各专业之间的碰撞、干扰、冲突等进行归类，并给出优化建议，最后出具碰撞检查报告；

4. 设计优化：对各模型进行分析。重点关注：净高、各功能用房的细节控制等，并提供相关分析报告及优化建议；

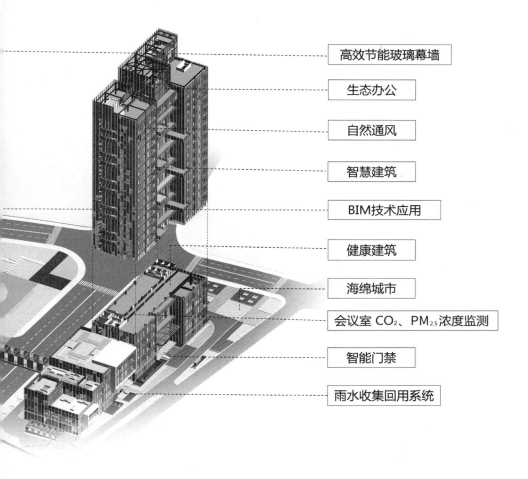

C栋：钢结构

- 高效节能玻璃幕墙
- 生态办公
- 自然通风
- 智慧建筑
- BIM技术应用
- 健康建筑
- 海绵城市
- 会议室 CO_2、$PM_{2.5}$ 浓度监测
- 智能门禁
- 雨水收集回用系统

5. BIM 辅助项目概预算。从模型当中提取各类构件的工程量，如门窗数量、混凝土工程量等，为工程概预算提供实际数据支撑；

6. BIM 装配式深化设计。用 BIM 技术进行整体装配模型的拆分与计算，并进行装配率计算与后续的深化设计；

7. BIM 精装修设计。运用 BIM 技术进行精装修设计，在生成模型的同时，图纸及效果图可直接产生，提高设计效率及节约设计成本；

8. 可视化展示与沟通。运用 BIM 三维可视化模型，取代传统的二维技术实施沟通与交底，并直接采用 BIM 技术进行交底服务；

9. 施工阶段 BIM 辅助设计服务；

10. BIM 运维管理。

本项目为EPC项目，为限额设计。项目整体结构体系多样化，周边环境复杂，项目定位高，以省优、国优、鲁班奖为目标，市省领导高度重视，多次来项目部实地考察、指导工作。因此，在项目前期，针对本项目的方案，设计施工多次交流协商，向集团进行了多次汇报，同时也请领导决策方案，听取各方意见，最终确定了方案。

因C楼为院办公大楼，集团领导要求提高本项目的品质，设计也征求了各部门意见，进行方案调整，例如，楼梯选择、装修风格、外立面绿化设计等。

该项目在方案设计阶段，政府管理机构、业主、设计部门、施工方就建立了有效的协同工作机制，定期召开会议，就设计方案上存在的问题寻找解决和调整的方法，保证了项目信息在各部门间沟通的流畅性，保证了"前策划"这一设计理念在本项目中得以执行。

2019年7月，院领导赴深圳建科院考察其绿建三星办公大楼，学习新技术。

2019年11月，进行方案汇报，介绍本项目设计理念及设计目标。

C楼设计方案讨论会议

设计施工装饰方案讨论

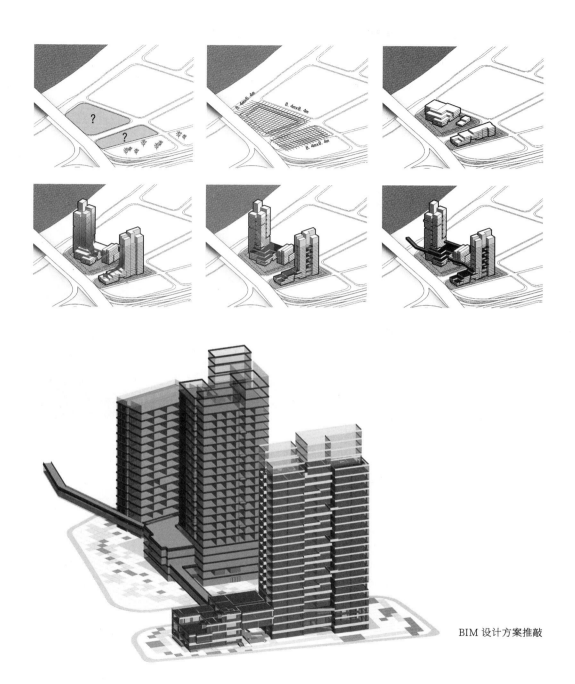

BIM 设计方案推敲

运用 BIM 技术的可视化，在方案阶段搭建 BIM 模型，推敲研究建筑的外观效果、内部功能布局。通过分析软件研究方案的可行性及建筑的可建性，并运用三维虚拟仿真将数字化模型和真实场地结合，从更真实的设计角度感受设计的合理性和协调性。

为打造有特色、有创意、有亮点、有人文气息的院办公大楼，董事长亲自校审内部平面布置图，并多次召开方案讨论会议，将项目平面布置图公示在办公楼门口，不管院内设计师还是外来考察人员都可提出自己的优化方案。同时，发动全院力量开展"马栏山文化产业园项目园林景观、装饰装修设计方案比选"活动，并由 BIM 中心对所选方案进行模型搭建、动画展示，确保高质量完成设计工作。

董事长校审设计方
案，调整平面布置
图，确定后续平面
设计方向及意图

将平面布置图公示在
办公楼门口，征求多
方意见，可将意见投
至意见箱

组织设计比赛，
选择最优方案，
可在公司大楼刻
录主创人姓名

使用绿建软件进行各项绿建分析，确保设计合理性。

室外风环境分析：通过场地风环境模拟分析：在冬季东北风主导下，建议在A栋西侧、北侧，B栋西侧、C栋西侧种植较高灌木、小乔木，优化场地风环境，减小人行区域大风。

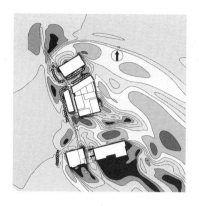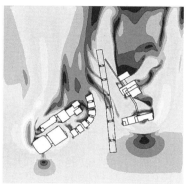

噪声分析：在高架桥设置隔声屏；临东二环种植高大乔木；西向采用隔声性能好的玻璃幕墙，如双层幕墙或在内侧加隔墙。

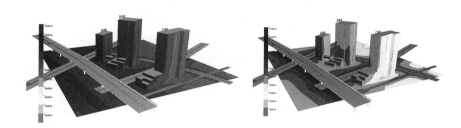

自然通风和自然采光：幕墙开启扇，面积按10%设计。根据通风模拟优化室内自然通风，局部架空，C栋底层局部架空。

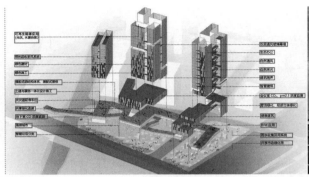

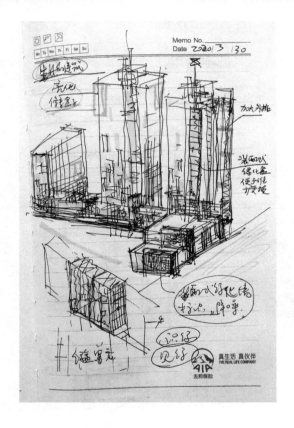

生长的建筑外立面

BIM+ 全过程咨询设计。BIM 技术应体现在各个专业中，不再区分传统设计和 BIM 设计，与各专业融合为一体化设计。这样，才能在设计过程中控制质量和成本。如：BIM+ 幕墙设计、BIM+ 景观设计，BIM+ 概预算等。

立面设计：为了体现"生长建筑"的理念，更能体现建筑绿色化，并对周边环境进行降噪处理，领导提出在现有幕墙方案的基础上继续深化，使本项目能"识绿""见绿"，并和装配式相结合。设计小组多次展开设计讨论，经历了多个方案的改版，多次的汇报，使得最终方案定型。

BIM 景观模型

景观设计：本项目使用 BIM 模型 +Lumion 软件进行外部商业景观、建筑中庭景观、建筑立面垂直景观等设计，并制作三维可视化效果图及漫游动画，辅助景观设计决策，使景观设计更为合理。

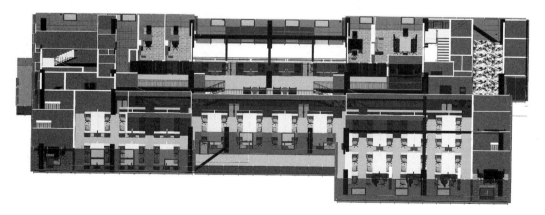

BIM+ 装修设计

装修设计：根据装修设计的方案，对项目的精装修进行精确的 BIM 建模，配合渲染实时浏览等方式，提前展示项目的装修效果。

BIM+ 预算：为了更加准确地统计各专业的工程量，项目前期各专业都规定了严格的建模规则。结构专业主要遵循：柱剪切梁、梁剪切板、剪力墙剪切所有构件。建筑专业主要遵循：建筑墙横向遇柱必断开，竖向遇楼板及梁必断开。最终以明细表的方式提交概算，为项目的工程材料计划和工程造价提供数据支持。

项目为装配式建筑，从方案设计初期即从装配式建筑理念出发贯穿了项目各专业设计的全过程，保证了后期装配式建设的完整性。项目分为不同独栋，各栋装配形式也不一致，结构体系复杂。A 栋: 混凝土结构；B 栋: 钢结构 + 混凝土结构；C 栋: 全钢结构。

根据《湖南省绿色装配式建筑评价标准》DBJ 43/T 332—2018 计算，最终 A 栋装配率 75%，B 栋装配率 56%，C 栋装配率 84%。

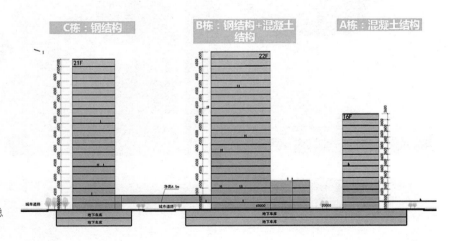

湖南创意设计总部大厦结构形式

序号	构件编号	数量	长度(mm)	截面规格(mm)	合计面积(m²)	单重(kg)	总重(kg)	备注
1	GKL1	1	16061	HN630x200x15x20	32.28	2136.11	2136.11	
2	GKL1	1	11311	HN630x200x15x20	22.74	1504.36	1504.36	
3	GKL1	2	8433	HN630x200x15x20	33.90	1121.59	2243.18	
4	GKL1	4	8420	HN630x200x15x20	67.70	1119.86	4479.44	
5	GKL1	2	8400	HN630x200x15x20	33.77	1117.20	2234.40	
6	GKL1	2	8394	HN630x200x15x20	33.74	1116.40	2232.80	
7	GKL1	2	8360	HN630x200x15x20	33.61	1111.88	2223.76	
8	GKL1	2	8340	HN630x200x15x20	33.53	1109.22	2218.44	
9	GKL1	1	8221	HN630x200x15x20	16.52	1093.39	1093.39	
10	GKL1	2	8160	HN630x200x15x20	32.80	1085.28	2170.56	
11	GKL1	1	8130	HN630x200x15x20	16.34	1081.29	1081.29	
12	GKL1	1	8081	HN630x200x15x20	16.24	1074.77	1074.77	
13	GKL1	1	8040	HN630x200x15x20	16.16	1069.32	1069.32	
14	GKL1	1	8020	HN630x200x15x20	16.12	1066.66	1066.66	
15	GKL1	1	7960	HN630x200x15x20	16.00	1058.68	1058.68	
16	GKL1	1	7940	HN630x200x15x20	15.96	1056.02	1056.02	
17	GKL1	1	7900	HN630x200x15x20	15.88	1050.70	1050.70	
18	GKL1	1	7850	HN630x200x15x20	15.78	1044.05	1044.05	
19	GKL1	1	7768	HN630x200x15x20	15.61	1033.14	1033.14	
20	GKL1	1	7759	HN630x200x15x20	15.60	1031.95	1031.95	
21	GKL1	1	7659	HN630x200x15x20	15.39	1018.65	1018.65	
22	GKL1	1	7548	HN630x200x15x20	15.17	1003.88	1003.88	
23	GKL1	1	7480	HN630x200x15x20	15.03	994.84	994.84	
24	GKL1	2	7440	HN630x200x15x20	29.91	989.52	1979.04	
25	GKL1	2	7412	HN630x200x15x20	29.80	985.80	1971.59	
26	GKL1	2	7400	HN630x200x15x20	29.75	984.20	1968.40	
27	GKL1	2	7380	HN630x200x15x20	29.67	981.54	1963.08	
28	GKL1	2	7300	HN630x200x15x20	29.35	970.90	1941.80	
29	GKL1	2	7212	HN630x200x15x20	28.99	959.20	1918.39	
30	GKL1	1	4572	HN630x200x15x20	9.19	608.08	608.08	
31	GKL1	1	4399	HN630x200x15x20	8.84	585.07	585.07	
32	GKL1	1	3860	HN630x200x15x20	7.76	513.38	513.38	
33	GKL1	1	3540	HN630x200x15x20	7.12	470.82	470.82	
34	GKL1	1	2860	HN630x200x15x20	5.75	380.38	380.38	
35	GKL1	2	2640	HN630x200x15x20	10.61	351.12	702.24	
36	GKL1	1	2520	HN630x200x15x20	5.07	335.16	335.16	
37	GKL2	1	5911	HN650x300x11x17	14.42	792.07	792.07	
38	GKL2	1	5661	HN650x300x11x17	13.81	758.57	758.57	
39	GKL2	1	5623	HN650x300x11x17	13.72	753.48	753.48	
40	GKL3	1	8000	HN700x300x13x24	20.32	1456.00	1456.00	
41	GKL3	1	3000	HN700x300x13x24	7.62	546.00	546.00	
42	GKL4	2	2880	HN396x199x7x11	8.93	161.57	323.14	
43	GKL5	1	8540	HN400x200x8x13	13.32	558.52	558.52	
44	GKL5	1	7400	HN400x200x8x13	11.54	483.96	483.96	
45	GKL5	1	2800	HN400x200x8x13	4.37	183.12	183.12	

...	总用钢量	地下室钢结构	1F钢柱2F钢梁	2F钢柱3F钢梁	3F钢柱4F钢梁	4F钢柱5F钢梁	标准层

构件工程量明细表统计

混凝土核心筒结构体系部分，采用 YJK 进行整体结构设计，由预制构件生产工厂进行深化设计，BIM 团队根据深化设计图纸搭建预制构件 BIM 模型，并进行预制构件预拼装检查，以保证后期预制构件安装顺利进行。

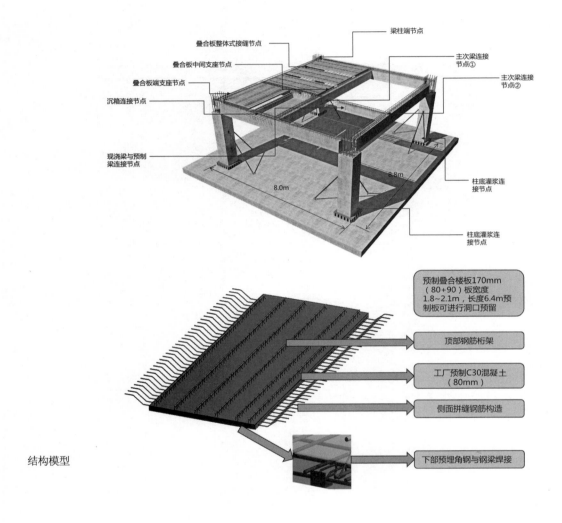

结构模型

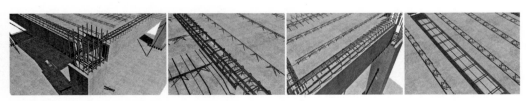

预制构件 BIM 模型

近年来国家提出建筑工业化，大力发展装配式建筑，装配式建筑与我国目前的钢结构体系的生产与建造方式不谋而合。BIM 技术应用于钢结构装配式建筑中的主要重点为：（1）建立钢结构 BIM；（2）节点模型的细化及分析；（3）碰撞检测；（4）钢结构装配式深化设计。

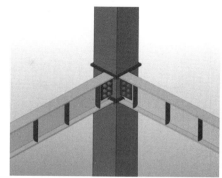

L 形梁柱连接

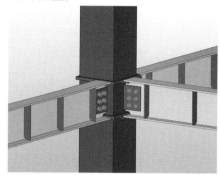

T 形梁柱连接

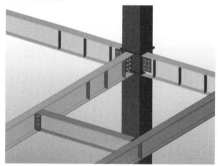

楼梯间次梁与主梁连接

钢结构体系部分，采用 YJK 进行整体结构设计，Tekla 软件进行钢结构深化设计。

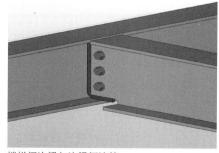

楼梯间次梁与次梁间连接

通过 BIM 平台整合装配式及机电专业的 BIM，进行冲突检测，对预制构件进行预留洞口设计，深化设计出图。

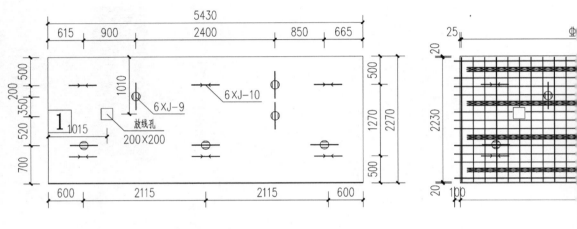

底板-骨架

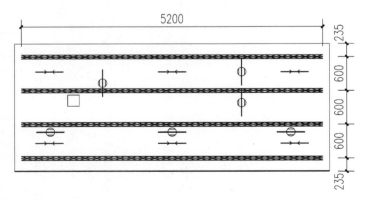

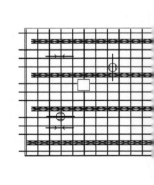

预制构件出图

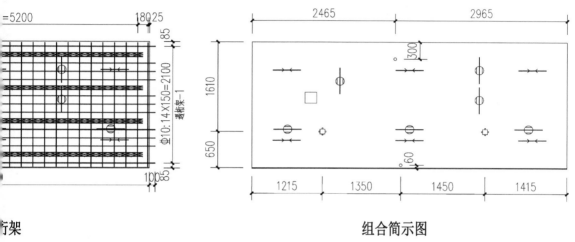

组合简示图

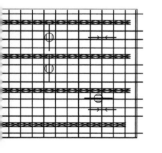

桁架

1. 所有加高型底盒高度均为100mm，四面出锁母。
2. 反面加高型塑料电气底盒四面出PC20配套锁母。
3. 反面加高型铁电气底盒四面出JDG20配套锁母。
4. 未标注的圆形通孔均为直径75mm，有引线标注时标注代表通孔直径，如：160⌀ 表示直径为160mm的圆形通孔。

设备图

名称	图例
反面加高型塑料电气底盒	⬡
反面加高型铁电气底盒	✳
直径75mm圆通孔	○

本项目相对于常规项目的装配，引进了新的装配技术，如电梯井和卫生间采用了集成式装配技术。

电梯井采用装配式方案，搭建装配式电梯井 BIM，协助方案讨论。

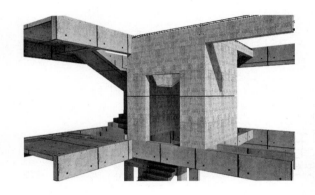

下分筒 3.02m^3，EPS 泡沫板 0.64m^3，实际混凝土 2.38m^3，约 5.96t。

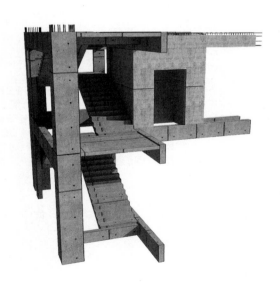

上分筒 2.8m^3，EPS 泡沫板 0.57m^3，实际混凝土 2.23m^3，约 5.58t。

卫生间采用装配式方案，应用集团自主研发的共轴承插型预制一体化卫生间。

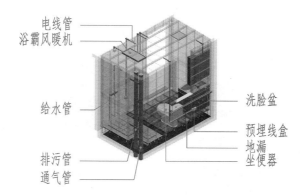

整体式卫生间内部管道与洁具三维图

卫生间集成式装配

EPC 项目协调不仅对设计方案进行讨论, 在设计阶段, 将项目施工重 (难) 点提前协调, 提出解决办法, 落实技术问题。着重在数据传递共享, 以 BIM 技术为核心, 链接设计施工。

设计施工
协调会议

本项目为 EPC 项目, 在设计阶段, 设计施工多次开会协调, 施工问题前置, 方案设计阶段即开始介入项目

EPC 项目协调   施工重难点
                     问题前置

项目现场
施工问题
讨论

1. 施工阶段工期要求紧
2. 涉及专业多、协调工作量大
3. 现场施工条件复杂
4. 质量要求高
5. 钢结构专业施工管理难度大
6. 高层钢结构施工安全防护难

充分利用 BIM   问题解决
技术

设计验收

1. 利用 PM 协同管理平台, 优化工作流程
2. 充分利用 BIM 技术进行三维施工场地规划
3. 采用 BIM 技术进行进度模拟, 提前发现问题
4. BIM 技术辅助工程创优策划, 提供方案比选, 进行三维技术交底
5. 提前深化设计, 进行碰撞校核
6. 利用 BIM 技术进行可视化方案交底

使用一模多用进行数据传递。在原设计模型的基础上，进行施工深化，复杂施工节点
模拟等指导现场施工，推进施工进度，确保施工质量。

一模多用需符合下列条件：

①组建 BIM 联合团队，包含设计、采购、施工；
②模型搭建需统一样板；
③统一规划及管理。

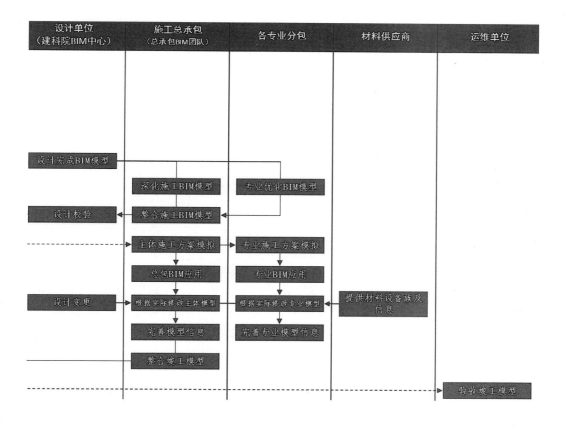

设计、施工、运维模型传递流程

施工过程管控

为打造智慧工地标杆形象，为项目观摩做准备，同时兼顾应用价值体现，为项目部带来实际使用价值，提升项目部管理手段和工作效率，本项目采用"工程项目 PM 管理平台"（内含智慧工地模块），计划配备 PM 协同平台、劳务实名制、视频监控、环境监测、塔吊监测、升降机监测、智能安全帽、总电表监测、物料管理等。

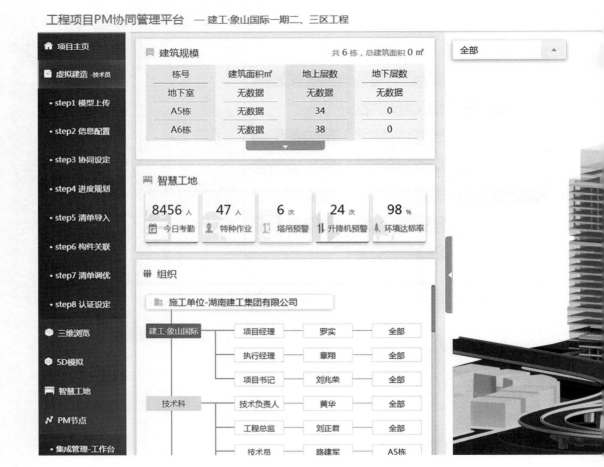

基于BIM技术的PM项目管理	
七大管理岗位	九大管理要素
技术员	集成管理
施工员	进度管理
材料员	范围管理
预算员	采购管理
质量员	成本管理
安全员	质量管理
资料员	安全管理
	资料管理
	协同管理
提升项目精细化管理水平	

基于IOT技术的现场监测管理	
六大基础模块	X项可选模块
劳务实名制	能耗监测
视频监控	雾炮联动
环境监测	智能地磅
塔吊监测	塔吊喷淋
升降机监测	电子巡更
智能安全帽	……
扩充项目信息化管理手段	

打造一站式的信息化管理平台，构建多方联动的可视化"智慧工地"

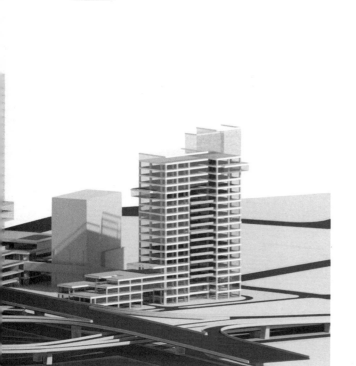

发布端 ❓ 🔔7 👤 劳资员-刘孟 ∨

台 2018.08.08~完成 2022.01.30） 剩余工期/总工期：923/1270天 超前

当前 38%

互联网 + 智慧工地
PM 管理平台

运维管理实施

为建设湖南省创意设计总部大厦装配式 BIM 运维系统，实现装配式 BIM 从施工阶段向运维阶段的有效延伸，创建 BIM 在运维阶段示范性项目，同时完成 BIM 运维标准体系研究、BIM 运维模型搭建和应用研究、基于 BIM 的项目运维系统开发等，为区域型智慧城市的打造提供数据基础，拟将引入集团研发的"Aops 数字化交付与智能运维平台"。

该平台分为四大功能板块：今日能耗、环境监测、空间计量、智能运维。

今日能耗：今日耗电总量、今日耗水总量、今日碳排放总量、今日电费水费燃气费占比、绿色建筑评分及等级。

环境监测：室内外温度值、室内外湿度值、PMV 值、$PM_{2.5}$ 值、二氧化碳浓度。

空间计量：已停车位数及总车位数、客房入住率、租赁面积及已租比例、本季度租金、本月租金及本年租金。

智能运维：构件总数及构件信息总数、各专业设备待维修保养数量、消防正常运行天数、安防正常运行天数、一楼门禁报警数据。

平台架构

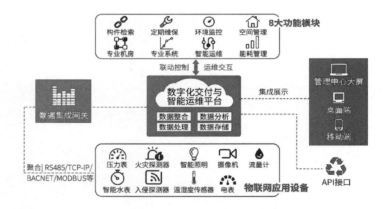

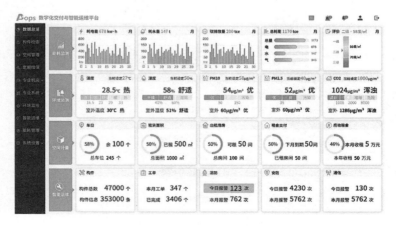

AOps 运维平台

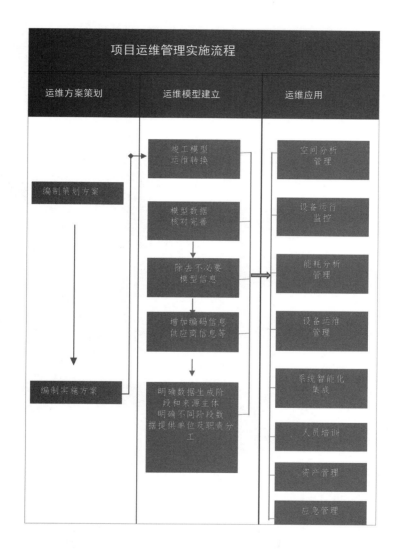

运维管理实施流程

2.6 湖南省儿童医院

总建筑面积:
42141m²

建筑高度:
99.84m

设计时间:
2017~2018 年

项目位于湖南省长沙市雨花梓园路 86 号。项目为地下三层，地上二十五层，为框架剪力墙结构，主要包含停车库、临床治疗培训中心、康复理疗区、各科室病房、会议中心、信息中心及活动大厅等。本项目以"湖南省建设工程芙蓉奖""鲁班奖"为创优目标。

BIM 主要应用:

1. 设计验证、碰撞检查
2. 管线综合

BIM 应用价值:

本项目应用 BIM 技术解决了设计变更多、复杂节点难以交底、各方沟通障碍、BIM 实施落地难的等常见问题。保证了儿童医院项目的工程进度、施工安装质量；同时协助甲方很好地进行了成本控制和协调管理工作；取得了巨大的综合效益。

儿童医院效果图

确定 BIM 应用目标

总目标：管理升级、降本增效、节约工期

1. 通过 BIM 建模发现设计图纸问题，为施工阶段提供完善的施工图纸，减少返工，加快施工进度，提高施工质量。
2. 在施工全过程中对深化设计、施工工艺、工程进度、施工组织及协调配合方面高质量运用 BIM 技术进行模拟管理，提高本工程信息化管理水平，提高工程管理工作效率，最终形成包含本工程全生命周期施工管理数字化信息的竣工模型。
3. 在项目施工过程中全面推进 BIM 技术运用，保证运用的完整性、系统性及创新性，争先创优。
4. 通过 BIM 技术助力，本项目获得"湖南省建设工程芙蓉奖"和"中国建设工程鲁班奖"。

BIM 内部
协调会议

项目重难点分析

序号	重难点	分析	主要的对策与措施
1	质量要求高	本项目为湖南省卫生建设项目的重中之重，质量要求高，所有产品必须一次成活	运用 BIM 系统提前进行质量效果模拟，确保施工质量一次成优
2	参建方众多，管理难度大	本项目土建、机电、幕墙、装修等专业众多，协作复杂，项目管理难度大	通过 BIM 技术对各分包工作进行协调和沟通，保证项目各工作面有序开展
3	工艺设备及管线复杂	医疗设备施工工艺复杂，管线专业多，电气设备多	通过 BIM 建模对设备及管线进行管线综合优化，协调机电与土建的关系，同时通过可视化让项目团队直观了解项目的机电内容

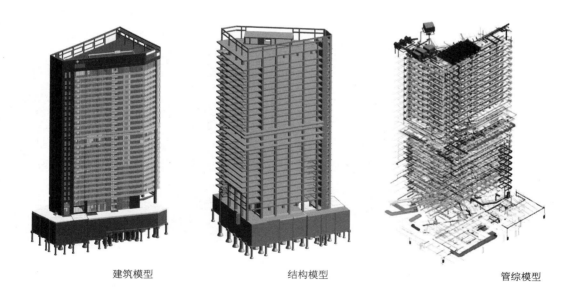

建筑模型   结构模型   管综模型

在项目初期，BIM 团队编制了一系列辅助项目 BIM 实施的指导性文件，如：项目 BIM 实施方案、进度计划、建模规范、机电排布原则等。此外，还制定了项目的专有族库。

统一标准，分专业、分楼层建立了全专业 BIM。在 BIM 模型的基础上，进行各项数据利用，如管线综合、模型上传平台等。并初步使设计模型延伸至施工模型。

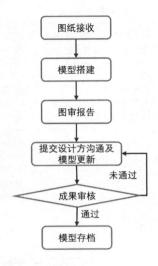

医院项目内部空间复杂，管线排布困难。因此 BIM 技术应用的重点是碰撞检查和管线综合。在设计验证过程中，根据图纸搭建项目 BIM 模型，通过模型发现图纸存在的问题，并提交设计方沟通协调，并更新 BIM 模型。为了提高设计质量，不光是碰撞问题，对于图纸标识等问题也会记录反馈，最终形成问题记录表格。问题记录主要分为以下几类：

◆ 设计项目安全性问题；
◆ 方案效果类问题；
◆ 专业间冲突类问题；
◆ 不满足空间要求类问题；
◆ 图纸设计错误问题；
◆ 模型图纸不一致问题；
◆ 模型深度不足类问题；
◆ 其他问题。

在 BIM 设计过程中，土建专业共发现问题 200 多个，机电专业共发现问题 300 多个。问题记录表格是保持"一周一对接交底"，设计和 BIM 签字，如未修改，需注明缘由。

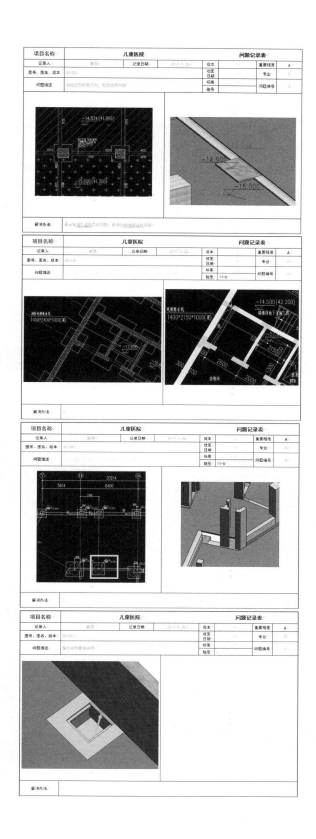

BIM 问题记录表

净高检查

本项目因机电布置复杂程度高,廊道空间限制多,机电专业施工难度大。因此,为满足项目吊顶灯装修的要求,采用 BIM 技术对走道、房间净空进行检查。

净高优化也是管线综合最为重要的一步。空间足够,管道才能排开,否则只能对设计路游进行调整。净高需要考虑管线翻弯、检修空间的预留、管道的排布方式等。

BIM 工程师不仅要懂得 BIM 技术,还必须要有现场施工的经验。最终的管线综合成果是需要指导现场施工的,项目管道排布美不美观,合不合理,BIM 机电工程师起到了关键性作用。

经检查,走廊局部梁下净高仅为 2870mm。在如此有限的空间下需要完成全部管线的布置及为装修施工预留足够的空间,对采用 BIM 技术进行管线综合优化排布提出了很高的要求。

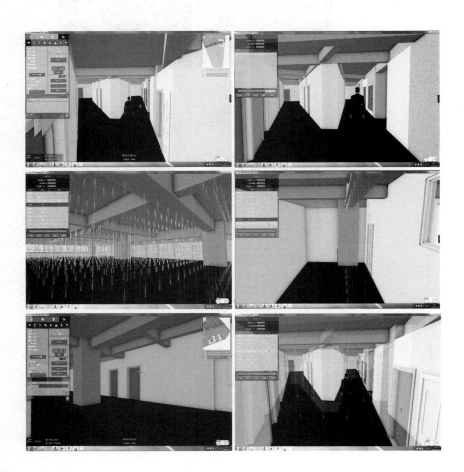

结构模型

管线综合优化

净高检查只是分析净高是否合理，并出具解决方案，该阶段并不会真正的进行管线综合排布。

针对机电碰撞和排布不合理之处，进行管线综合优化，为机电安装的顺利进行打好基础。

通过前期的基于 BIM 的碰撞检查，避免了后期因图纸问题导致的返工，为项目节约了大量宝贵的工期。同时，基于 BIM 的管线综合优化协助项目在最有限的净高下得出管线的最优化布置。通过缩短工期、减少浪费，预计可将项目成本节约 8% ～ 10%。

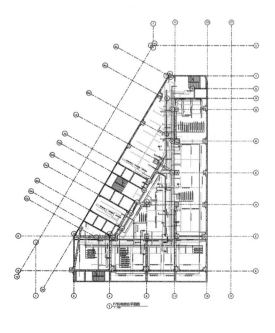

管线综合优化不仅要满足设计规范，更要方便现场施工。因此，在管线综合过程中，BIM 技术的应用起到了连接的作用，它需要将设计方和施工方连接，多方要经常开会协调，提出优化意见。

针对管线综合优化成果，出具机电施工图，经各方协调沟通，不断优化，为项目的机电施工提供指导。

机电综合图主要以平面图（精确定位）、断面图（空间管道排布方式）和三维图（形象具体化）为主，三者结合，普通安装工人也能看懂施工图。

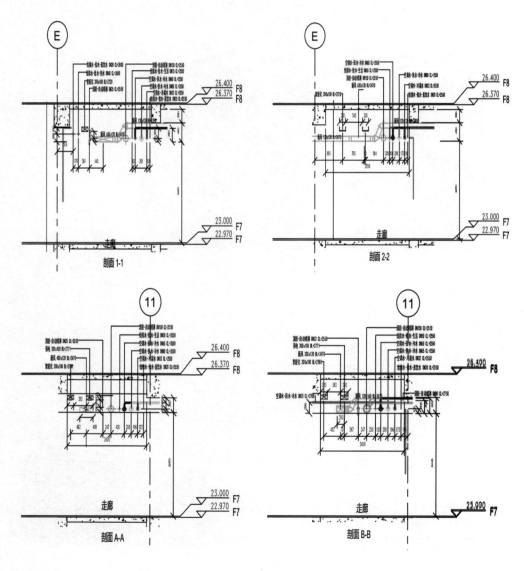

管综节点图

项目本身功能较多，安装设计复杂，牵涉专业多，尤其医院项目在使用功能上的特殊性，各科室使用的设备功能均不相同，需提前精准确定预留预埋件，从而确定管线走向、线槽开凿位置等，有效避免后期二次返工、窝工等现象。

安装过程中，提前使用 BIM 技术对机电管线的布置进行可视化漫游浏览、汇报。

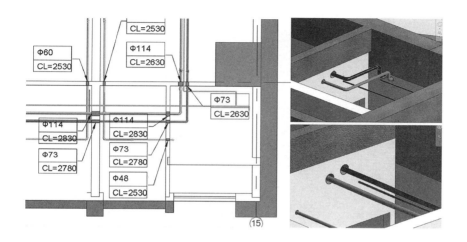

预留预埋图

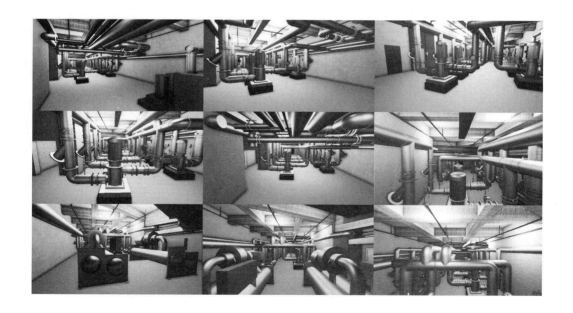

机电可视化漫游

精细化建模对大楼的外立面幕墙节点进行深化设计和安装模拟，对幕墙安装进行指导。

BIM 技术无论在哪一个项目中使用，它发挥的最大作用应该是在"工程量提取"。模型搭建完成后，做了多少模型，就会生成多少材料。不能人为地增减造价，在相关软件中，工程量能分材料、分楼层、分构件类别统计，最终合计数量还需要导出表格。由此可以看出：BIM 技术的应用须多软件协同工作，它是一个复杂的技术系统。

幕墙深化模型

此项目 BIM 技术的运用是贯穿设计施工的，通过设计阶段的模型，延伸至施工阶段。

对项目方案进行模拟，发现技术方案和施工工艺的缺陷并加以修改，选定出最佳的施工方案。

模拟医院内部的二次墙砌体排布，并对砖的数量进行统计计算，指导项目现场施工。

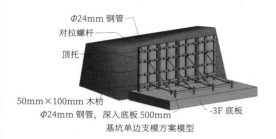

基坑单边支模方案模型

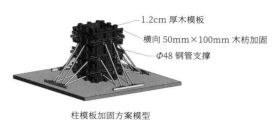

柱模板加固方案模型

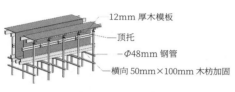

梁板支模方案模型

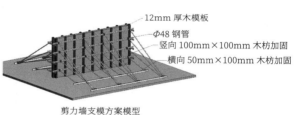

剪力墙支模方案模型

BIM 施工方案模拟

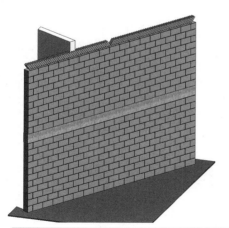

墙体材料明细表					
序号	材料	长度(mm)	高度(mm)	厚度(mm)	合计	墙编号
1	混凝土预制梁	6600	400	200	1个	常规-200mm-墙1
2	多孔砖（1）	390	190	190	336匹	常规-200mm-墙1
3	多孔砖（2）	190	190	190	21匹	常规-200mm-墙1
4	红砖	240	115	53	92匹	常规-200mm-墙1
5	砂浆（M20）	—	—	—	0.413m³	常规-200mm-墙1
注：墙体总体积：6.204m³，墙面总面积：31.02m²						

BIM 砌体排布

施工管理

基于 BIM 对项目进行可视化交底，使得项目团队深刻理解项目的施工方案，保证了项目团队的施工质量。现场施工管理人员通过移动端手机 APP 查看 BIM 及构件属性，为项目现场施工指导提供了便利。

另一方面，项目团队基于 BIM 平台进行项目管理，基于 BIM 对项目现场的施工质量安全问题进行巡检，对不合格的部位及时整改，保证项目的质量安全管理达到要求。通过手机端 APP 进行现场问题追溯，保证项目管理工作的闭环，为项目管理留痕的同时大大提高了工作效率。

现场指导施工

模型浏览

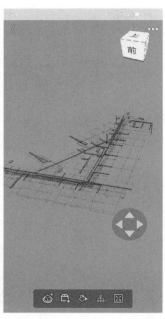

属性查看

协调管理

本项目土建、机电、幕墙、装修等专业众多，协作复杂，项目管理难度大。项目团队以 BIM 为手段，协调各参与方的相互配合，为各方搭建了一个直观的沟通平台。各参建方通过 BIM 模拟，讨论了包括高支模方案、管线综合方案、装饰装修净高控制等多项目重要决议，提高协同配合质量的同时，为项目协调节约了大量时间，间接节约工期约 20 天。

发现现场存在质量安全问题，下发整改通知单

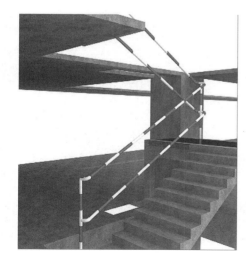

BIM 安全防护模型指导整改

整改结果

本项目应用 BIM 技术解决了设计变更多、复杂节点难以交底、各方沟通障碍、BIM 实施落地难等常见问题,保证了儿童医院项目的工程进度、施工安装质量;同时协助甲方很好地进行了成本控制和协调管理工作;取得了巨大的综合效益。

湖南省相关领导视察项目时,在聆听了项目 BIM 应用汇报后给予了高度评价和赞赏,产生了良好的社会效益。

现场施工记录

2.7 西藏玉麦小康村建设项目

整体规划鸟瞰

用地面积:
294000m²

总建筑面积:
17548m²

设计时间:
2017～2018 年

项目位于西藏自治区隆子县玉麦乡，总用地面积 29.40hm²。由 23 栋单层住宅，33 栋多层住宅，1 栋多层游客中心，1 栋多层酒店，1 栋多层乡政府、村委会、一站式大厅，1 栋多层小学、幼儿园，1 栋多层卫生院，1 栋多层综合体育馆，1 栋多层商业，1 栋多层陈列馆，1 栋单层微型消防站，2 栋单层公共厕所组成，总建筑面积为 17547.92m²。其中一期建设工程包含 23 栋单层住宅，33 栋多层住宅，1 栋多层乡政府、村委会、一站式大厅，1 栋多层小学、幼儿园，1 栋多层卫生院，1 栋多层陈列馆，一期建设总建筑面积为 11887.46m²。整体用地范围内现状多为坡地，高差较大，地形复杂。

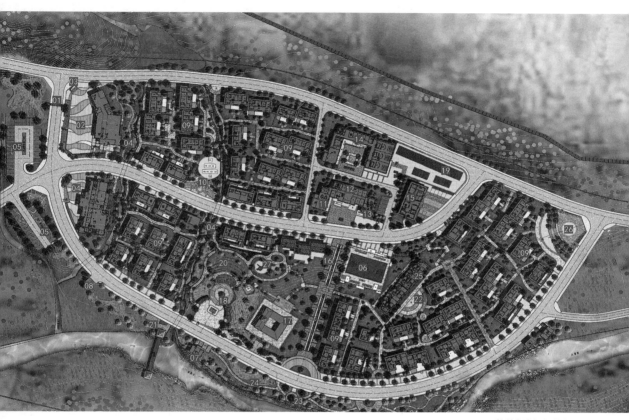

整体规划平面图

BIM 重点应用:

1.BIM 设计验证

2.工程量统计

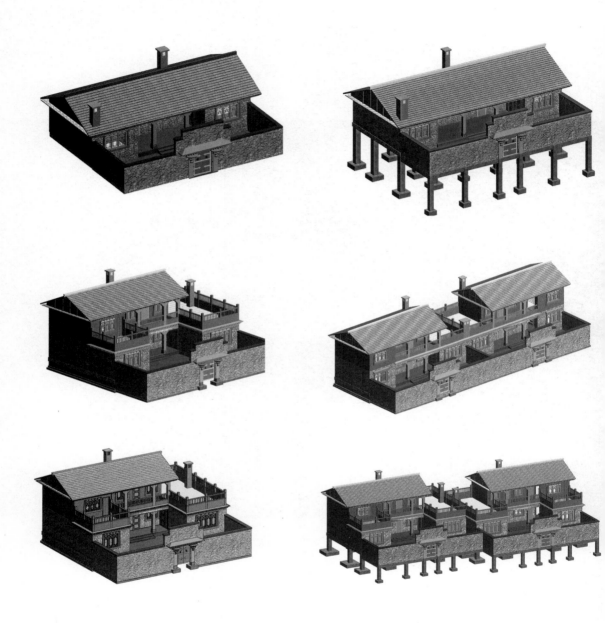

沿袭当地传统建筑的特点，采用坡屋顶，满足当地气候，住宅局部二层运用退台处理的手法，形成晒台使建筑立面样式变化丰富；开大窗满足日照和采光要求，外墙采用文化石粘贴工艺，同时运用当地民居装饰风格，让建筑更加融合地域，展现当地特色。

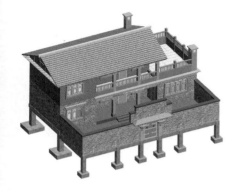

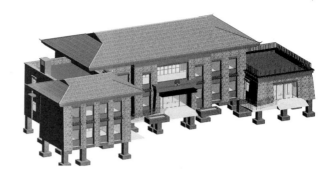

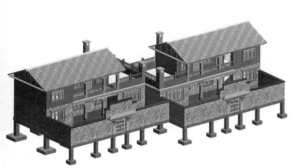

单体 BIM 模型

本项目设计的单体有：
外迁户；
原住户；
学校；
乡政府；
卫生院；
乡政府、村委会；
小学、幼儿园。

通过 BIM 三维模型，可直观地检查设计建筑的外观效果、功能布局、能见度等。通过对 BIM 任意位置的剖切，观察墙、柱、屋面之间的空间体量关系，以查看设计的合理性，及时修改优化。同时，在 BIM 建筑信息模型中，由于整个过程都是可视化的，可视化的结果不仅可以用来效果图的展示及报表的生成，更重要的是，项目设计、建造、运营过程中的沟通、讨论、决策都在可视化的状态下进行，实现设计阶段项目参与各方的协同工作。

基于 BIM 技术对项目进行配饰式深化拆分指导。对搭建好的整体 BIM 模型进行拆分，拆分工作主要针对外墙和楼板，根据窗口、门洞的位置进行拆分设计。并对连接处进行深化设计，保证拆分构件的预埋设计准确无误。

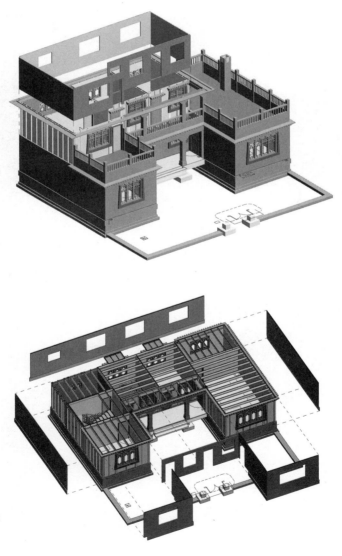

可视化分解优化设计 BIM

项目各栋建筑基础均采用天然地基独立柱基础或条形基础，上部结构采用冷弯薄壁型钢结构，使用 BIM 技术复核和统计工程量。

基于 BIM 对已完成的主体轻钢结构进行编号及组合，对材料统计及现场拼装起到一定的作用。

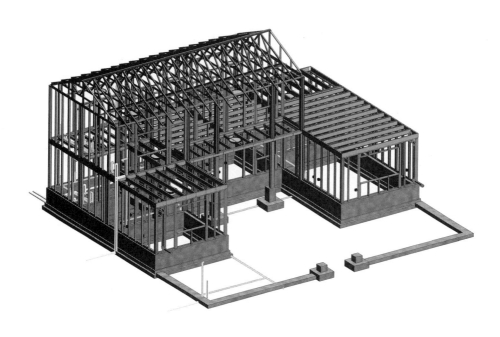

BIM 结构模型指导施工

根据建立好的 BIM 设计模型，提取所需的项目工程量清单，是 BIM 技术的重点应用之一。通过标准化文件命名以及确定扣减规则、计价规范，提取符合计量要求的工程量清单数据。

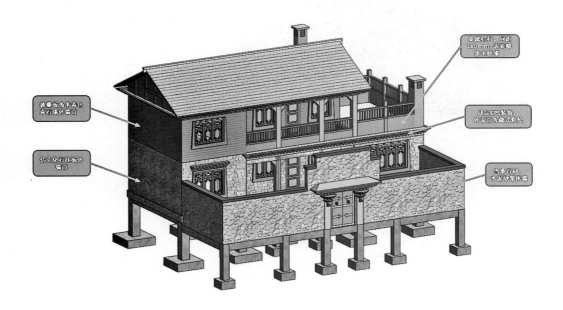

BIM 提取工程量

<墙面积及做法明细表>

类型	厚度	长度	面积	注释	说明
A-外部-300mm	300	6 m	6.55 m²	水泥砂浆（6.0mm）+岩棉保	水泥石墙面的
A-外部-300mm	300	8 m	4.94 m²	水泥砂浆（6.0mm）+岩棉保	水泥石墙面的
A-外部-300mm	300	4 m	4.45 m²	水泥砂浆（6.0mm）+岩棉保	水泥石墙面的
A-外部-300mm	300	5 m	7.09 m²	水泥砂浆（6.0mm）+岩棉保	水泥石墙面的
A-外部-300mm	300	3 m	8.10 m²	水泥砂浆（6.0mm）+岩棉保	水泥石墙面的
A-外部-300mm	300	3 m	2.21 m²	水泥砂浆（6.0mm）+岩棉保	水泥石墙面的
A-内部-200mm	200	3 m	13.76 m²	水泥砂浆（6.0mm）+岩棉保	水泥石墙面的
A-内部-200mm	200	2 m	7.84 m²	水泥砂浆（6.0mm）+岩棉保	水泥石墙面的
A-内部-100mm	100	1 m	3.39 m²	水泥砂浆（6.0mm）+岩棉保	水泥石墙面的
A-内部-100mm	100	1 m	4.43 m²	水泥砂浆（6.0mm）+岩棉保	水泥石墙面的
A-外部-200mm	200	1 m	1.18 m²	水泥砂浆（6.0mm）+岩棉保	水泥石墙面的
A-外部-200mm	200	1 m	0.49 m²	水泥砂浆（6.0mm）+岩棉保	水泥石墙面的
A-外部-200mm	200	1 m	0.98 m²	水泥砂浆（6.0mm）+岩棉保	水泥石墙面的
A-外部-200mm	200	1 m	0.82 m²	水泥砂浆（6.0mm）+岩棉保	水泥石墙面的
A-外部-200mm	200	1 m	0.82 m²	水泥砂浆（6.0mm）+岩棉保	水泥石墙面的
A-外部-300mm	300	6 m	18.30 m²	水泥砂浆（6.0mm）+岩棉保	水泥石墙面的
A-外部-300mm	300	4 m	12.90 m²	水泥砂浆（6.0mm）+岩棉保	水泥石墙面的
A-外部-300mm	300	8 m	19.38 m²	水泥砂浆（6.0mm）+岩棉保	水泥石墙面的
A-外部-300mm	300	3 m	7.14 m²	水泥砂浆（6.0mm）+岩棉保	水泥石墙面的
A-外部-300mm	300	3 m	2.73 m²	水泥砂浆（6.0mm）+岩棉保	水泥石墙面的
A-外部-300mm	300	5 m	9.09 m²	水泥砂浆（6.0mm）+岩棉保	水泥石墙面的
总计: 21			135.68 m²		

<轻钢龙骨明细表A>

A	B	C
族与类型	长（m）	合计
龙骨1: 70P45-80	22.298 m	18
龙骨1: 70S46-80	155.357 m	23
龙骨1: 75S42-80	126.540 m	144
龙骨1: 90P49	456.462 m	191
龙骨1: 90S50	6.802 m	8
龙骨1: 150C50	66.638 m	30
龙骨1: 250C50	170.032 m	51
总计: 465	1004.129 m	465

项目图纸的生成，是一项烦琐、费时的工作，尤其是复杂的、曲折化的、坡度化的构件CAD制图，设计人员很难，甚至无法精确绘制出来。但是，对于BIM设计，这确是很简单的事情，通过设计精确的三维模型，从模型中直接生成项目的平面、立面、剖面，以及详图大样是BIM的特点之一。

在BIM的基础上，像墙、屋面、楼板的面积信息，以及各个交点的高程点信息，都能自动计算，以后在对模型的修改过程中，其信息也自动跟随改变，和传统制图不同，每更改一次模型，需要对这些相关数据重新计算。在这一过程BIM设计为设计师节约了大量的时间。

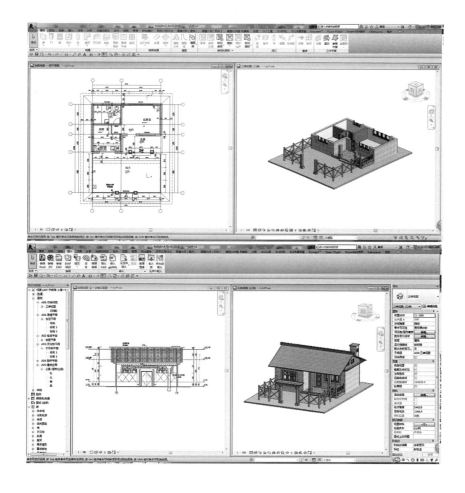

BIM 图纸提取

通过 BIM 软件生成基于 BIM 的效果图，展示项目装修效果，使业主能够提早看到内外部装修效果。

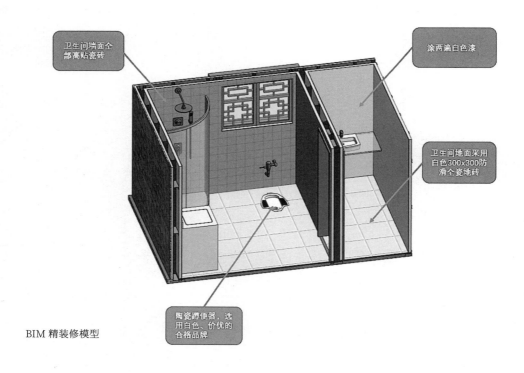

卫生间墙面全部高贴瓷砖

涂两遍白色漆

卫生间地面采用白色300x300防滑全瓷地砖

陶瓷蹲便器，选用白色、价优的合格品牌

BIM 精装修模型

搭建完整的室外场地模型，找出园林
设计的不合理之处和无法实现的地形，
形成记录表发给设计部门进行修改，
并向甲方展示最终的效果图及视频。

搭建由园林设计部门提供的地下管网
图，找出不合理之处并提供修改方案。

BIM 景观设计

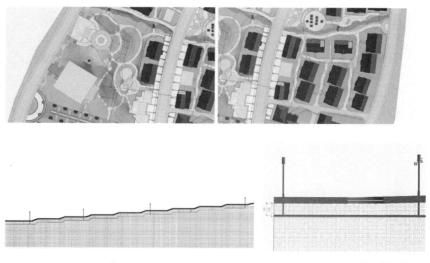

地下管网模型

项目实景拍摄

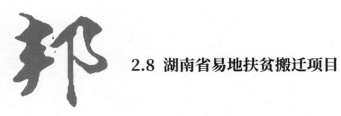

2.8 湖南省易地扶贫搬迁项目

为确保小康路上一个都不能少，湖南省将易地扶贫搬迁作为脱贫攻坚的"头号工程"和"标志性工程"。

"十三五"期间省内易地扶贫搬迁建设任务约 70 万人，建筑面积超过 1750 万 m²。

湖南易地扶贫搬迁项目建设任务由湖南建工集团作为 EPC 总承包施工单位承建，这项任务是光荣的，同时也是艰巨的。主要困难有：

项目数量多，分布地域广："十三五期间"的易地扶贫搬迁建设集中安置项目 2764 个，分布在全省几十个县城之中，数量多的县城安置点超过 30 个，数量少的县城安置点只有 1 个甚至没有，数量众多但分布不均、各项目建设体量差异很大，为项目的统一管理带来巨大难题。

易地扶贫搬迁项目
安置点效果图

户型种类多，统一集中采购难：自 2012 年易地扶贫项目开展以来，遍布全省的几百个安置点已经形成了上百种不同的户型方案，工程做法也难以统一，再加上部分地方特色的需求，使得项目难以实现统一集中采购。

工期时间紧，造价管理难：因为以上几个方面的原因，使得项目的设计和施工工期都非常紧张。因为不同地区项目不统一的原因，项目的造价管理难度也非常大。同时，因为项目的特殊性质，为了不给地方财政增添负担，对项目成本要严格管理。

为了按时、按量、按质的完成任务，特引入基于 BIM 的项目集成化管理办法，开展项目实施。湖南省建筑科学研究院有限责任公司承接了项目的设计任务，开展基于 BIM 的标准化设计工作，实现了标准户型提炼、平面快速拼装、统一节点做法、图纸一键提取等目标。

标准户型提炼：通过对各方走访调研，收集了各类户型设计方案 75 个。通过组织专家分析比选，根据人均 25m^2 的住房标准，按 50m^2、75m^2、100m^2、125m^2、150m^2 五种户型，各按南北梯两种方案确定了十个最优户型，并搭建了 BIM 标准户型库。

标准化的户型库为项目前期沟通、方案敲定节约了工作时间，标准化的户型也为集团统一集中采购奠定了基础，为项目造价控制做出了重大贡献。

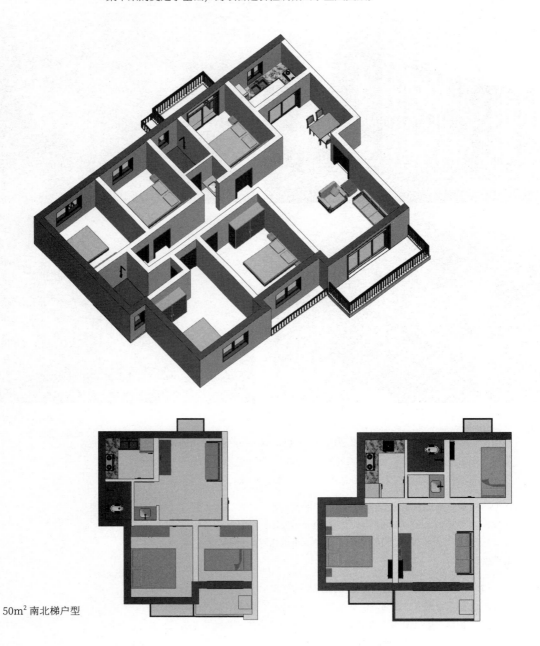

50m^2 南北梯户型

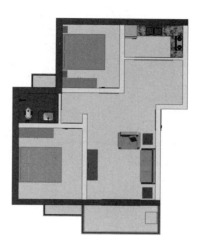

75m² 南北梯户型

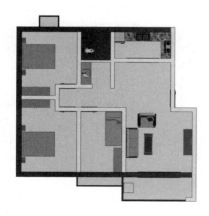

100m² 南北梯户型

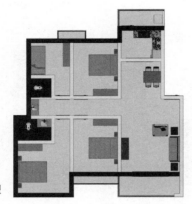

125m² 南北梯户型

150m² 南北梯户型

快速平面拼装：通过调用户型库中的
标准模型，快速对平面方案进行拼装
组合。一个单体的设计工作，从户型
调取到拼装完成，往往仅需两个小时，
极大地提高了设计效率和方案的沟通
效率。

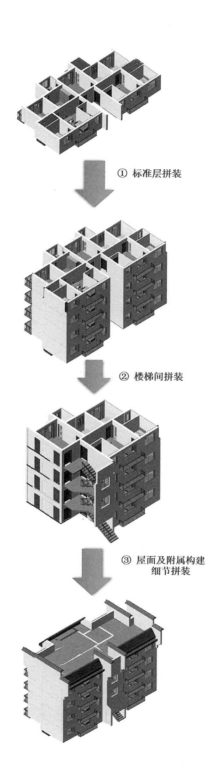

① 标准层拼装

② 楼梯间拼装

③ 屋面及附属构建
　细节拼装

统一节点做法:

为实现统一集中采购，所有安置点项目以"统一标准、加快设计进度"为核心，对节点做法进行了统一和标准化，并制定了标准化的门窗、家具、卫浴厨房等族库，最大程度地保持了大部分项目的统一性，降低了建造成本。

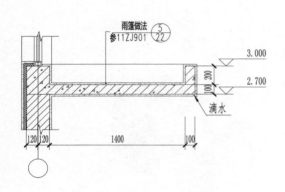

入户雨篷大样图 1:25

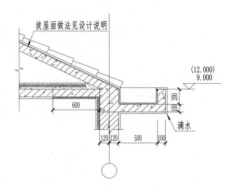

天沟大样图 1:25

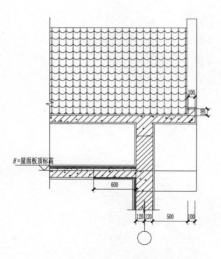

挑檐大样图 1:25

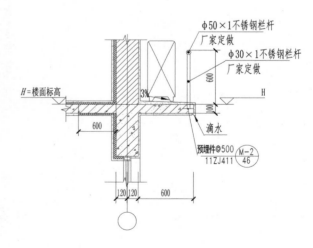

空调板大样图 1:25

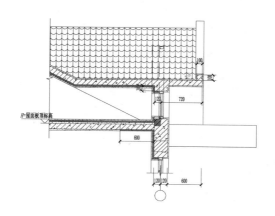

老虎窗檐口断面大样图　1:25

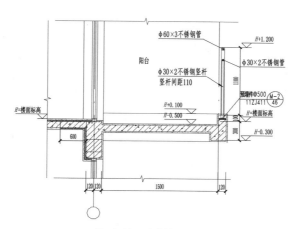

阳台断面大样图　1:25

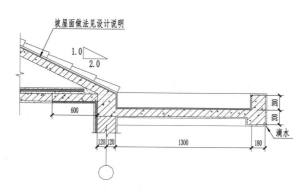

阳台雨篷大样图　1:25

门族

窗族

家具族

卫浴厨房族

图纸一键提取：完成 BIM 模型后，平面、立面、剖面直接从模型当中提取，保证了设计精度及设计效率，同时，也减少了大量的重复工作，加快了进度。

模型当中任一位置的剖切，都只需稍作修饰即可完成图纸输出。

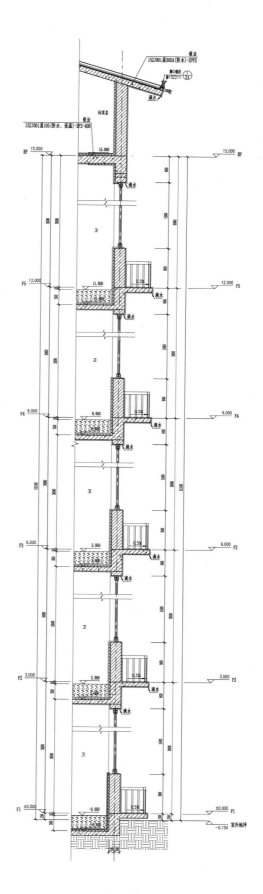

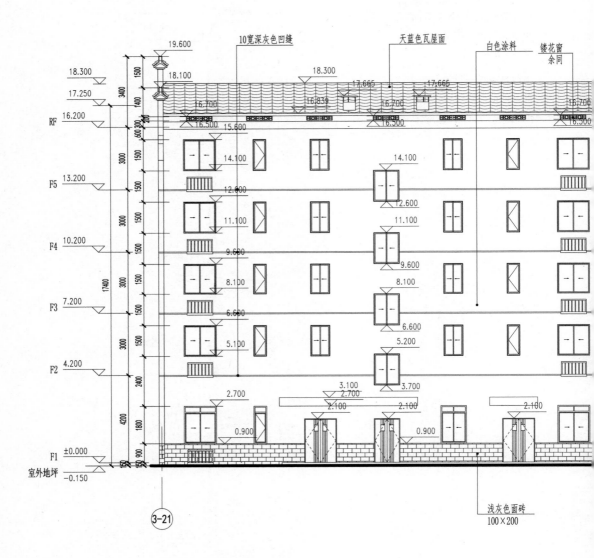

19.600

18.300
18.100

10宽深灰色凹缝

天蓝色瓦屋面

白色涂料

镂花窗
余同

18.300

17.665

17.665

17.250

16.700

16.839

16.700

16.700

RF 16.200

16.500 15.600

16.500

16.500

14.100

14.100

F5 13.200

12.600

12.600

11.100

11.100

F4 10.200

9.600

9.600

17400

8.100

8.100

F3 7.200

6.600

6.600

5.100

5.200

F2 4.200

3.100

3.700

2.700

2.700

2.100

2.100

2.100

2.700

0.900

0.900

F1 ±0.000

室外地坪 −0.150

3-21

浅灰色面砖
100×200

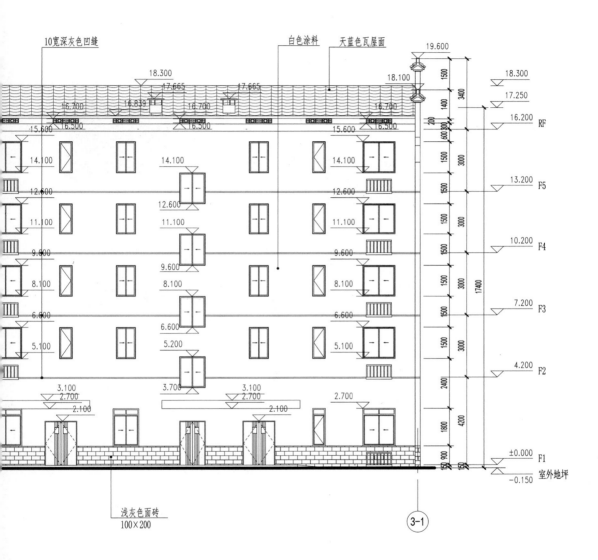

10宽深灰色凹缝　　　　　　　　　　　　　白色涂料　　天蓝色瓦屋面

19.600

18.300
17.665　　　　　17.665　　　　　　　　18.100
16.700　　16.839　　16.700　　　　　16.700
15.600　16.500　　　　　16.500　　　　15.600　16.500

14.100　　　　　　　14.100　　　　　　　14.100
12.600　　　　　12.600　　　　　　　12.600

11.100　　　　　11.100　　　　　　　11.100
9.600　　　　　9.600　　　　　　　9.600

8.100　　　　　8.100　　　　　　　8.100
6.600　　　　　6.600　　　　　　　6.600

5.100　　　　　5.200　　　　　　　5.100

3.100　　　　3.700　　　3.100
2.700　　　　　　2.700　　2.700
2.100　　　　　　2.100

±0.000

-0.150

浅灰色面砖
100×200

(3-1)

18.300
17.250
16.200　RF
13.200　F5
10.200　F4
7.200　F3
4.200　F2
±0.000　F1
室外地坪

1500
3400
200
600 300
1500 3000
1500
1500 3000
1500
1500 3000 17400
1500
2400 4200
1800
150 900
150

189

通过基于 BIM 的信息管理平台, 对遍布全省的各安置点项目进行信息化管理。

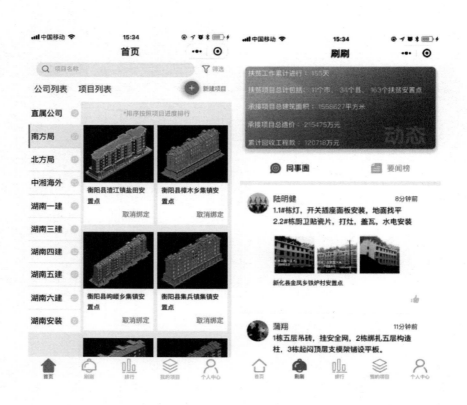

易地扶贫搬迁工作平台
小程序"首页"(示意)

易地扶贫搬迁工作平台
小程序"项目要闻"
(示意)

标准化的 BIM 算量
模型与信息化管理平
台相结合，为集团内
部统一结算提供坚实
的依据。

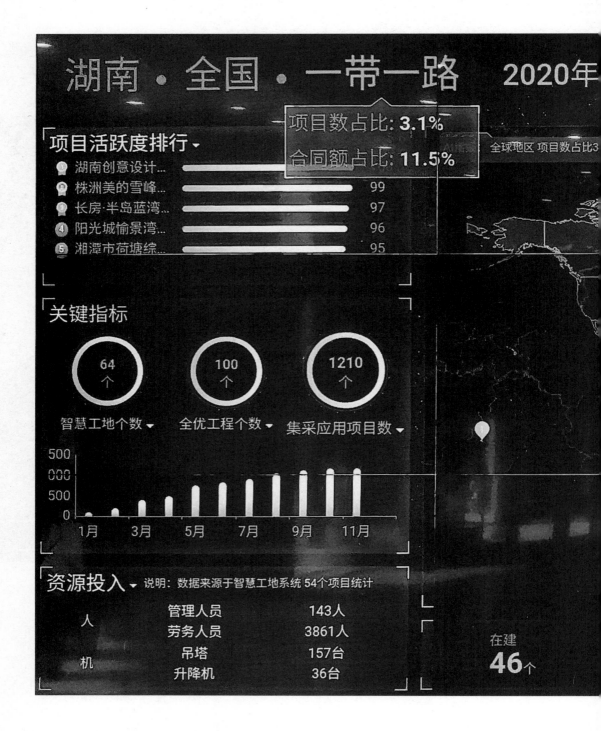

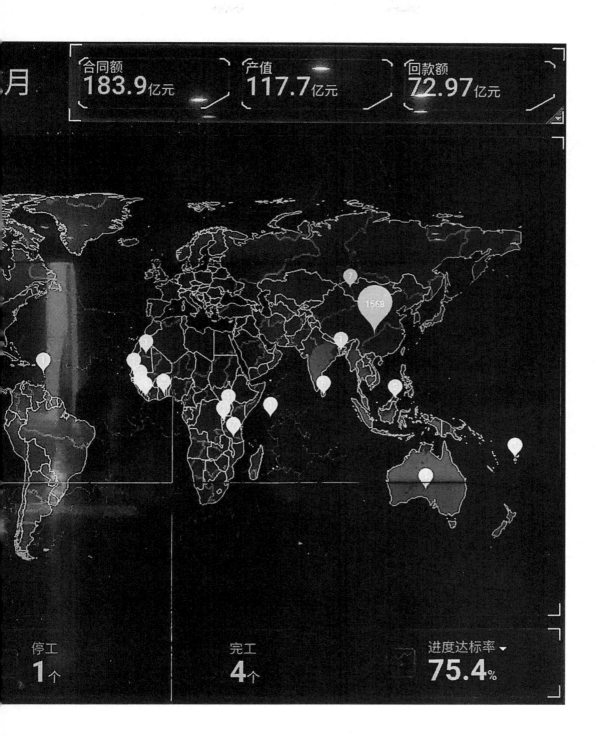

项目效果图

项目实景图

3

BIM

千里之差，兴自毫端。
——《后汉书·南匈奴传论》

C-BIM 项目实施现状思考 3.1

C-BIM 项目实施分析 3.2

C- 总结 3.3

3.1 C-BIM 项目实施现状思考

BIM 技术自 2002 年进入中国，最开始就是在设计行业开始推广的。虽然至今已有 18 年之久，并且随着国家和地方政策不断推出，发展速度也是十分惊人，然而 BIM 设计项目的实施还是存在着各种问题。

1. BIM 设计环境问题

（1）"三边工程"环境下的 BIM

虽然违反工程建设基本程序，但由于各种特殊原因，我国有相当规模的工程都是"三边工程"，即边勘察、边设计、边施工。"三边工程"的显著特点就是为了赶进度，使得项目缺少系统的规划和充分的准备，导致项目在建造过程中的不可预见性和随意性增大，工程质量和安全隐患比较突出，工期也不能按计划保证，项目缺乏"以终为始"的设计和协调，通常工程竣工后的运行管理成本较高。而 BIM 技术在建造过程中主要的价值，就是通过数字化的模拟，实现对项目的虚拟建造，从而避免项目实施阶段因规划、设计、采购和施工准备中的疏漏造成损失。通常需要在项目建造的前期投入大量的时间、资源和协调工作进行数字化模拟，这些都和"三边工程"存在根本的矛盾。在 BIM 试点工程中，经常会出现大楼都造好了，BIM 小组的计算机模型还没有建好的情况。当然，"三边工程"中 BIM 价值没有得到体现，也取决于项目的复杂程度、成本规模和 BIM 技术应用的水平（当前受软件、硬件、人才和相关行业政策所局限的原因）。如果 BIM 实施方案科学、准确，在大型、复杂、工期紧、成本压力大的工程中非常适用，而且 BIM 的价值体现越明显。当全社会的 BIM 技术应用水平都达到一定的成熟度，BIM 也一定能适应"三边工程"，甚至发挥出想象不到的巨大价值。

（2）设计与施工割裂的 BIM

我国设计咨询行业起初学习苏联的"平行承发包"模式，将产业链割裂成设计、施工、采购等环节。设计负责提供图纸，施工负责将图纸变成实物，图文资料使得设计和施工变成一个个信息孤岛，彼此割裂。从 BIM 理念刚诞生之时开始，"衔接设计与施工之间的信息断裂"就是作为 BIM 的重要价值之一而提出。然而，现在的 BIM 工具真的做到这一点了吗？在设计师创建 BIM 的绝大部分项目里，施工方并没有参与模型的创建，因此，施工方经常认为设计方给出的 BIM 没有多大用处，有很多施工需要的信息在模型中并没有得到体现。

当我们讨论项目全流程的时候，关注的不仅是设计阶段不同专业之间的协同，也关注设计与预制加工、现场安装、业主管理之间的协同。作为业主，如何了解项目的真实进度并控制风险？如何确保设计师想象的效果能够用当前的工艺、工法完美实现？一个不起眼的设计变更会对施工成本造成多大的影响？如果应用 BIM 的设计人员只关心怎么快点出图，那么这些问题就永远找不到答案。

（3）费用不清不楚的 BIM

BIM 设计取费，一直是 BIM 设计咨询服务绕不开的话题。2017 年 9 月 4 日，住房和城乡建设部发文明确了 BIM 费用的出处，BIM 费用出自建设项目工程总承包费用中的系统集成费，随后各省市也陆续出台了 BIM 相关的收费指导意见。即便如此，当前的 BIM 项目服务收费依然存在许多混乱模糊的情况。其实，BIM 最重要的不是收费，而是 BIM 能带来什么效益，解决什么问题。这是我们要搞清楚、弄明白的，只有真正在项目效益中证明自己的价值，才能使对方信服。同时，从另一个角度讲，不清楚的 BIM 收费，也很难调动 BIM 设计人员工作的积极性，尤其是部分项目将 BIM 服务打包在设计费中，使得设计人员更加排斥这种附加工作量，导致 BIM 应用品质低下，价值无法显现。

（4）缺乏"后评估"的 BIM

"后评估"是指在项目已经完成并运行一段时间后，对项目的目的、执行过程、效益、作用和影响进行系统地、客观地分析和总结的一种技术经济活动。开展后评估工作是在项目完成的最后一个阶段，对 BIM 进行系统的分析和总结，评价项目中做得好的地方，做得不好的地方和应该进一步提升的地方，形成经验和教训，要勇于反思与不足，而不是避重就轻。缺乏后评估的 BIM，项目效益得不出结论，经验得不到总结，教训得不到警惕，优点更得不到借鉴。

2. BIM 人才匮乏问题

在国内，由于 BIM 相关知识与技术的发展起步较晚，一般仅以"BIM 工程师""BIM 建模工程师"甚至以"BIM 绘图员"等职位作为拟招募对象，应征条件也多仅要求有 1～3 年相关工程工作经验即可。

目前国内建筑业缺乏的 BIM 人才大概分为两类：技术人才（BIM 建模工程师）与管理人才（BIM 技术经理及 BIM 项目总监）。而国内建筑业界目前缺乏 BIM 人才的原因，可以归纳如下三点：

◆ BIM 建模工程师需兼具工程专业知识、识图能力与软件操作能力，但以国内的大学教育环境现况，一般学校教育并不容易着力于此种类型培训。

◆ BIM 技术是促进异地 / 多阶段 / 多专业 / 多人整合沟通的工具，跨域整合能力与经验非常重要，但此种兼具专业与管理的人才难以快速形成。

◆ 业界对在职人员的培训，普遍缺乏策略规划与管理制度的调整，受训者难以兼顾工作与培训，训练成效有限。

3.2 C-BIM 项目实施分析

项目策划、实施与最终结果差别太大，不考虑项目各类综合要素的影响，往往是由于前期对项目期待值过高，导致项目实施的时候，偏离预想的轨道而造成的，如项目目标定位、项目实际应用等，下面对影响项目实施的几点因素做综合分析。

1.BIM 项目目标定位

BIM 项目应用目标是以单一项目数据源的组织为核心，运用与特定项目相关的企业局部资源和技术，完成合同或协议所规定的项目交付物的过程，其管理的重点在于项目的有效执行和目标实现。

单纯从下图可看出，BIM 在本项目中起到了很大作用，基本在全过程、全专业都涉及了 BIM 技术。这样的 BIM 可真正节约造价、缩短建设周期、提质增效。

分析一：将"前策划、后评估"的管理理念贯彻落实到整个 EPC 项目中

在项目实施过程中，无论项目大小、项目形式，只要和 BIM 产生联系，即使在该项策划中，没有使用 BIM 技术，项目就能上一个档次。本项目"前策划、后评估"的实际发生，应该在策划阶段，设计人员应该使用 BIM 技术或者用 BIM 进行方案的推敲、造价的对比，用 BIM 更加直观地和业主沟通。使 BIM 技术融入策划过程中才是本目标的初衷。

实际上，本项目方案模型都使用 SU 建模，平面方案使用天正软件制作。SU 模型不带数据，因此前期策划都只能起到展示的作用，并没有使概预算形成经济决策分析。同时，天正图纸并不是实际意义的三维模型，不能将内部方案从模型上体现，要设计师解说方案。

分析二：缩短设计周期，提升沟通效率，提升设计质量

目前，大部分 BIM 正向设计模式都是 BIM 团队 + 设计团队形成联合团队，

腾讯双创社区项目 BIM 目标

方案汇报

同时，按照传统模式做正向设计。BIM 团队进行设计验证和设计校核，偶尔在建模过程中提出自己的优化意见等。这种模式，确实是能发现不少设计与专业间的碰撞问题，设计问题少了，对设计质量确实有一定提升。但是缺点也很明显：严重浪费资源，因为许多 BIM 工程师不是设计人员出身，不懂设计规范，发现不了许多潜在的设计问题，无法理解设计者意图，也无法给设计者过多的参考，因此，当前 BIM 技术的运行并不能缩短设计周期，提升沟通效率也不见得有多大作用。真正要发挥价值，应该使设计人员全人员、全专业使用 BIM 技术做正向设计，做到专业协同。

2. BIM 实施标准、流程分析

项目工期紧，严格控制预算，对整个工程建设提出了更高的要求。在项目全生命周期建设中贯穿使用 BIM 技术，制定合理化的 BIM 实施流程，开展工程项目管理，达到项目设定的安全、质量、工期、投资等各项管理目标，以数字化、信息化、可视化的方式提升项目的建设水平，做到精细化管理，缩短工期，节约项目成本。

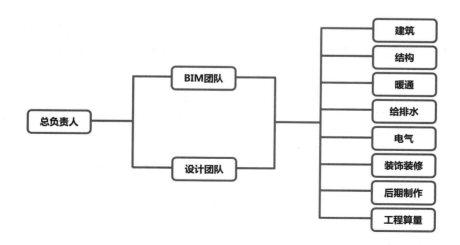

团队联合体

实施项目流程的制定，对团队方向有准确的指引，在项目实施过程中不会使项目本身偏离方向。

　　按照流程图，各方应该紧密配合和协调，甚至是联合办公，发挥模型数据的最大利用机制。但现阶段的项目 BIM 和设计是分开的，各自独立实施，流程会因为各种因素而中断，比如 BIM 设计费用、BIM 工程师素质、项目设计周期等因

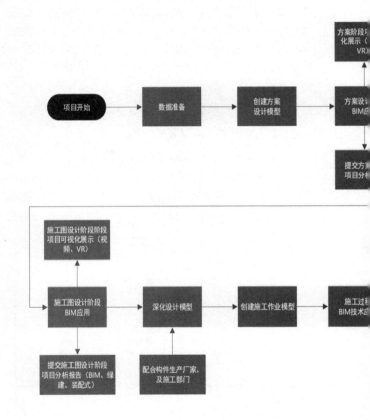

BIM 全过程应用流程

素。中断的 BIM 技术发挥不了全面价值，施工阶段使用不了设计阶段的模型，施工 BIM 团队需要继续制作深化模型，这种设计方和施工方不能协调的现象必定造成 BIM 模型数据的浪费和工作的重复。

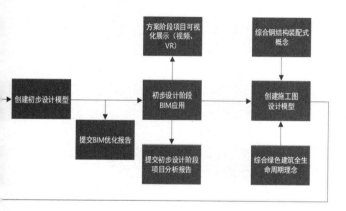

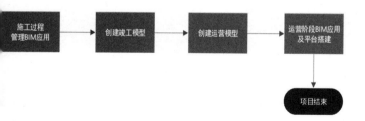

项目的 BIM 工作需要建筑、结构、水、暖、电等专业协同工作，由于项目规模和时间限制等因素，在同一专业内还需多名设计师协作完成。因此，在项目开始前，应制定一套合理的协作程序来解决项目实施过程中会遇到的复杂问题。协作程序需要包含协同设计模式及原则、信息交换原则、会议程序、问题处理程序、对外沟通原则等。还应参照国家、地方制定的 BIM 标准开展 BIM 设计工作。

BIM 标准并不是强制的，BIM 的标准目前还在不断的完善及测试当中。要对工作起指导性的作用，还要走很长的路。

当下，湖南省又推行 BIM 施工图审查，并且推出了三个标准，分别是交付标准、数据标准和审查标准。又对 BIM 实施有了一定的约束，并且这次改革强调了交付物，二维审图的同时，必须提交对应专业的 BIM 模型，保持图纸和模型的一致性。但是湖南省内各地、各企业 BIM 应用水平却是参差不齐的。

BIM 实施标准

《建筑工程设计信息模型制图标准》JGJ/T 448—2018
《建筑信息模型设计交付标准》GB/T 51301—2018
《湖南省民用建筑信息模型设计基础标准》DBJ 43/T004—2017
《湖南省建筑工程信息模型交付标准》DBJ 43/T 330—2017

企业 BIM 标准

BIM 施工图
审查标准

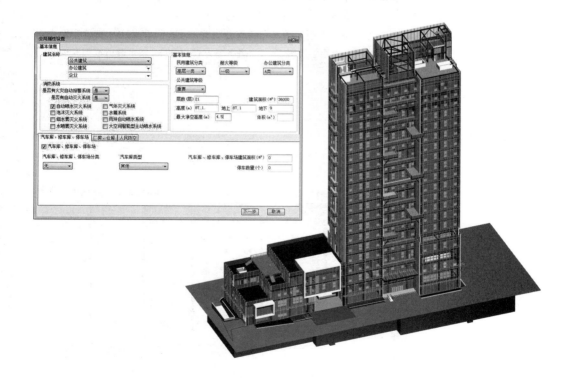

BIM 施工图
审查交付模型

3. BIM 管理分析

全过程管理：代表业主的立场，对项目从初期策划到项目运维使用的项目建设全流程的一种管理模式。可理解为全过程咨询和代建制的结合。

传统的项目全过程管理基于二维的数据传递，设计成果不精细，在传递过程中数据会有丢失，专业协同不完整。通过 BIM 对项目建设全过程进行专业数据集成、数据迭代，实现项目数据完整性、专业数据协调性、数据传递一致性，以终为始的理念对过程数据进行精细化设计、精确性模拟分析，结合施工过程数据的模型更新，形成可指导项目运营的完整数据模型。

分析一：以 BIM 为主导

在建筑建设全生命周期中，BIM 技术在建筑工程管理中的应用包括施工设计管理、施工组织管理等，BIM 技术实现了构件之间的互动性和反馈性可视，生成报表和展示效果图，为项目设计、施工和运行过程的讨论和决策提供支撑。但在现阶段，BIM 技术都只是作为决策者的一项技术手段来为项目产生价值，比如使用 BIM 技术解决某个实际问题等，很难以 BIM 的思想来推进项目，管理项目，且 BIM 应用技术都是浅层次的，有的仅仅只是起宣传作用。

BIM 要真正起主导作用，关键还要看业主的态度，只有业主才有这个能力组织各方（设计、施工）使用 BIM 技术，组织各方使用 BIM 技术进行汇报和交流，

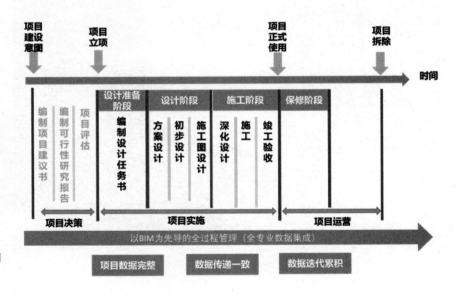

建筑全生命周期
流程

单一的设计和施工无法约束到其他分包方。并且，现在的 BIM 技术并不是主导地位，在国内大部分地区，BIM 应用少；在国内少部分地区，BIM 也只是辅助设计、施工的手段，因此，以 BIM 为主导这条路还很漫长。

分析二：BIM+EPC 项目管理

EPC 模式是指总承包单位受建设单位委托，按照合同约定将项目的设计、采购、施工和运营等实施阶段全过程工作进行承包。在 EPC 模式下，设计人员充分发挥在项目建设过程中的引领模式，将各阶段紧紧地联系在一起，从而提高对工程的质量、进度、安全等的控制力度。理想的基于 BIM 的总承包项目管理的 EPC 模式如下：

设计阶段：总承包单位要求设计部门在交付二维施工图的同时，上交项目的 BIM 或者图审人员直接利用 BIM 对图纸进行审查工作。

施工阶段：结合 BIM 技术进行模式分析，对施工方案进行优化，从而更好地对现场施工进行指导，提高施工质量和工作效率。

但问题的现状是：在设计或者施工阶段，BIM 并不是设计或施工人员在实施过程中创建的，而是由 BIM 工程师和专业人员同步进行的。在很多情况下，设计或施工人员需要由 BIM 表达实际意图，通过模型来推敲分析，但也只能由 BIM 工程师搭建，有时候，真实的想法意图还不能完全表达，信息不对等，导致信息丢失，BIM 的作用不能完全表达。所以，在很多情况下，我们看到的 BIM 应用都是效果图或者动画，几乎没有数据利用。没有数据那又如何来做项目管理？

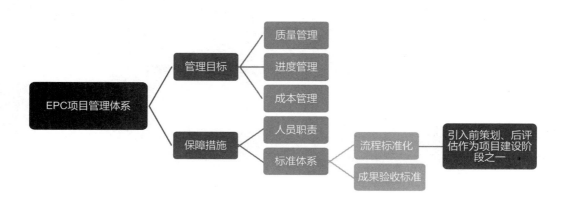

EPC 项目管理体系

4. BIM 应用分析

BIM 技术具有可视化、协调性、模拟性、优化性、可出图性、一体化性、参数化性、信息完备性等特点。在国内，BIM 技术得到了大力发展，越来越多的设计企业接触并应用 BIM 技术，但随着 BIM 技术的大力推广而暴露出的问题也越来越多。

分析一：BIM 技术作为方案阶段可视化推敲手段

方案阶段的可视化推敲，笔者认为需做两个方面的考虑：第一，使用 BIM 软件搭建模型，并通过 BIM 软件的可视化特点做视点渲染或者动画漫游，设计人员通过该方式分析方案、优化方案。第二，搭建 BIM 后，提取建筑信息，作为设计的可参考依据，例如"容积率""楼层面积"等。

据统计分析，目前大多数的设计院依然只停留在第一步，模型的搭建使用的是 SU、3Dmax 等传统工具，并不包含信息，给建设方做展示的时候仅仅是效果图或者动画，经济指标的讲解也是靠传统的二维图纸作为分析依据，业主无法通过 BIM 实时了解自己项目的经济指标。当然，这也和 BIM 软件的开发是相关的，大部分 BIM 软件的"方案能力"确实效率低，无法在一天或者几个小时内改完业主要求的方案。

分析二：BIM 的可出图性

通过 BIM，导出立面图及剖面图，真实反映构件之间的定位关系，对 BIM 任意位置做切面，即可反映出构件与构件间的搭接、连接关系，所见即所得。有 BIM 后，无须再花费大量时间制作节点及详图大样，这是 BIM 最理想的设计状态。但要达到这个状态，需要集各专业的力量，使用 BIM 软件做三维协同设计，不仅仅是主体专业，专项设计也需在前期介入，这样建出来的模型才是最为全面的、精细的，当然也是最花费时间的。现阶段，项目设计周期都比较短，大部分也都是三边工程。因此，现阶段的设计出图都是 BIM+ 二维联合，BIM 技术还是作为辅助手段，因为提取立面图及剖面图非常快，而节点大样等详图大样需要精细化的模型才能提取，因此，现场施工时，一些节点的搭接也是最容易出现返工的。

湖南创意设计总部大厦经济指标分析				
地块 18（X06-A49）经济技术指标表				
序号	项目	数量	单位	备注
1	总用地面积	17123	m²	
2	净用地面积	12727	m²	
3	总建筑面积			
4	计容建筑面积	47093	m²	
5	不计容建筑面积			
6	容积率	3.70		
7	基底面积	4505	m²	
8	建筑密度（%）	35		
9	绿地率（%）	20		
10	停车位	500	辆	地上20辆，地下480辆
地块 19（X06-A56-1）经济技术指标表				
1	总用地面积	11969	m²	
2	净用地面积	7439	m²	
3	总建筑面积			
4	计容建筑面积	24083	m²	
5	不计容建筑面积			
6	容积率	3.24		
7	基底面积	2860	m²	
8	建筑密度（%）	38		
9	绿地率（%）	20		
10	停车位	255	辆	地上6辆，地下249辆

经济指标表

现场施工问题

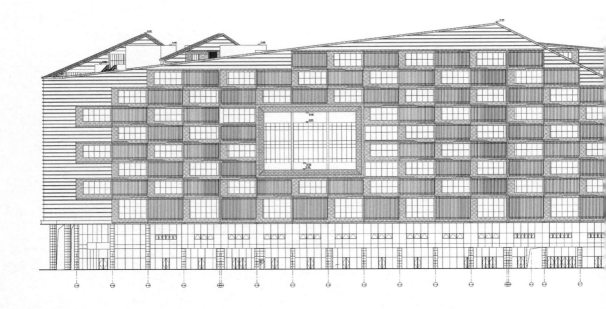

分析三：BIM+ 专项应用

　　BIM 与各专项设计的结合。应结合模型，发现各专业碰撞，并提出优化。而现状是：类似室内装修、景观设计等都是使用 SU 等软件搭建的部分场景，并没有与其他专业做协同，这些专项的设计数据往往还需要由其余的 BIM 工程师进行二次 BIM 建模。BIM 工程师并不是所有专业都懂，对于工程量及设计优化仅仅只是做大概建模，并且，用 BIM 做实施渲染效果并不理想，达不到业主的要求，很难有实际价值。

BIM 渲染

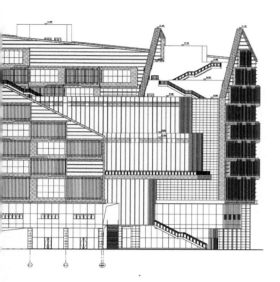

BIM 提取立面

　　BIM 工程师提取的数据表格还需要由相关专业设计师检查、核对，不能直接使用。

　　BIM 的应用需投入大量的人力、物力，有些专业需要购买先进的设备，类似 BIM+ 倾斜摄影、BIM+VR 等。有些设备必须由专业厂家的专业人员才能使用，如 BIM+3D 打印。因此，BIM 应用效果的体现关键在于设计费用、设计周期、设计人员的整合，投入是必不可少的。

5. BIM+ 项目案例分析

湖南创意设计总部大厦项目

设计＋模型分析：现阶段 BIM 正向设计成本过高，并且设计周期较短，只能采取 BIM 辅助、验证设计、设计校核等形式。先有二维设计，BIM 工程师建模，发现设计问题或者有可优化处，双方协调沟通，提高设计质量。

该模式也存在着许多的不足：BIM 工程师可能不理解设计意图，设计师没参与到建模过程，没能与 BIM 结合分析，因此会漏掉许多可优化的点。等项目施工完成后，再去现场实地观摩项目，就会产生：为什么当时要这么设计，其实还可以处理得更好等反思。

问题说明：在办公大楼下或者周边道路可直接看到平台下方的斜支撑，平台斜钢支撑裸露于外立面，影响外立面效果。在设计初应将此因素考虑进去，做相应处理，可做包边或者绿植遮挡处理，而不是施工后的被动处理。

湖南创意设计总部大厦现场实拍

从 BIM 可看出，模型已体现出斜支撑，但 BIM 工程师并没有将这个问题提出来做优化，也没有与建筑专业设计师做沟通，前期设计效果图对该位置并没有体现，建筑设计师没有意识到这一点。因此，须吸取经验，在后续项目设计过程中，BIM 应起到枢纽的作用，将各专业紧密结合，BIM 工程师应多和设计人员交流，了解设计意图，对设计做更好的优化。

BIM 模型

在湖南创意设计总部大厦项目中还有许多类似的问题，对 EPC 总承包设计方影响不小，业主及兄弟单位会质疑设计院的实力及设计水平，更让他人有 BIM 无用的错觉，对建筑行业发展也不利。

问题说明：现场多处楼板与幕墙衔接欠佳，空缝太宽，宽度 300 ～ 1000mm 不等。

湖南创意设计总部大厦现场实拍

问题说明：会议厅现场空间比例不匹配，长、宽、高分别为 16.8m、6.4m、9.0m。高宽比大于 0.5，长宽比大于 0.5，空间感很差。作为上档次的主要会议室使用感、体验感很不好。前期未结合 BIM 可视化技术做 VR 展示和分析。

问题说明：设计时未多做思考。许多问题只要结合 BIM 一眼就能看出来，BIM 不与设计相结合，不与实际结合。

BIM 和实景安装对比

湖南湘西州非物质文化遗产展览综合大楼

利用 IPAD 查看轻量化的 BIM
管线综合模型，与现场施工的管道
实时对比，检查是否与设计一致，
并利用 BIM 指导工人进行管线安
装、翻弯、标高确定等，减少施工
错误。

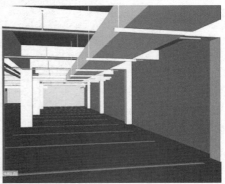

现场与模型对比质量管控

BIM 技术与管线综合的结合，不是以检查碰撞、统计了多少个碰撞点为目的，要与工程实际相结合，解决施工难点，推进施工进度，以检查碰撞——合理优化管线位置——降低安装难度——解决碰撞为最终目的。

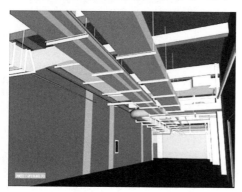

3.3 C- 总结

项目在实施过程中有问题并不可怕，关键是需要进行"后评估"、总结经验、汲取教训，形成真正的"PDCA"循环，项目质量才会越来越优秀，BIM 才能真正发挥作用。通过分析前面几个方面的问题，下文提出几个方面的总结。

1. 项目分析——确定目标

项目初期，团队内部应多次开会展开讨论，以周例会、周总结会的形式对项目的实施方案、实施深度以及 BIM 应用价值进行总结和讨论，明确最终 BIM 应用

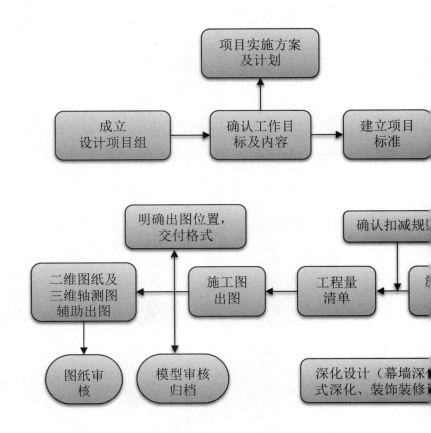

BIM 项目流程

点，并反推建模阶段工作内容。

虽然前期会花费不少工夫，但明确了实施流程和实施目标，项目后期会轻松许多。

2. 搭建平台——统一数据

数据的更新和传递是 BIM 项目协同管理过程中的一个难点，每个人都有不同的工作习惯，各专业"命名""存储"的要求往往令人头疼，因此，BIM 的协同管理必须通过协同平台，由专门的信息技术负责人进行协调、给定权限、明确分工，公司领导层和项目管理人员可实时查询基于 BIM 的管理数据，方便提取数据，展示模型与数据的结合。

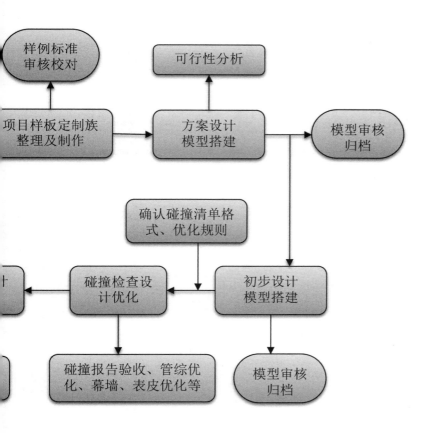

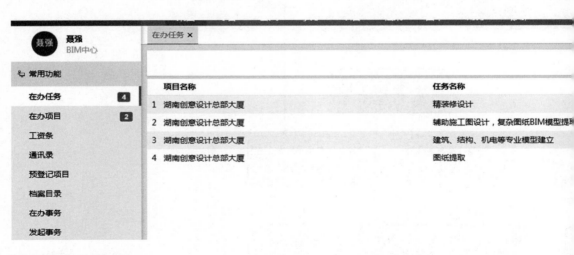

协同管理平台——进度可控

资料共享

| | 设计变更 | 任务转交 | 完工 | 延期 | 暂停 | 终止 | 刷新 |

任务编号	开始时间	结束时间	任务状态
T201900070062	2019-10-01	2019-10-30	进行中
T201900070057	2019-10-21	2019-10-25	进行中
T201900070054	2019-10-11	2019-10-20	进行中
T201900070048	2019-09-29	2019-09-30	进行中

3.加大技术采纳意向

BIM 技术的提升一定要靠多交流、多沟通的方式，不能闭门造车，以"论坛""技术人员的技术交流""走出去""培训"等多种方式学习和采纳他人的 BIM 协同管理模式、BIM 应用点，也可通过购买"插件"、引进开发人员的方式，不断提升部门的 BIM 应用实力。

行业交流

4. 加大人才培养力度

企业在实施 BIM 项目过程中，需要有计划的开展人才培养，并为员工学习和互相交流提供平台。还需要考虑员工对 BIM 的掌握水平，确保 BIM 应用需求能够与员工的技术水平相匹配，另外，员工的专业水平一定要过硬，要能对设计提出优化意见及看法，同时，为了保证人才不流失，待遇也要有保障，让员工对未来有希望，对工作有热情。

BIM 人才培训

5. 完善 BIM 应用过程

为了确保 BIM 应用效果，需要进行试点项目的测试，并进行及时全面的总结。同时，在国家行业标准和发展形势的基础上，不断地完善和建立工程建设项目管理标准，以此为建设企业在工程建设项目应用 BIM 提供参考依据。在项目实施过程中，也要不断地探索和挖掘新的应用点，不断地创新和提高，节约项目成本，BIM 的协同管理能力才有进步。

BIM 应用完善过程

阶段		BIM 应用大项	详细应用点
设计阶段	规划设计阶段	场地建模、场地漫游	场地建模、场地漫游
		无人机实景建模	前期规划用地，无人机扫描合成实景模型
		交通组织、管线搬迁	交通组织、管线搬迁
	方案设计 BIM 应用	参数化辅助方案设计	根据方案意向搭建多个 Rhino 参数化模型，推敲方案造型
		建筑性能分析	对方案模型进行性能化分析，如风环境分析、日照分析、景观可视度分析、热环境 分析等
		方案漫游动画	根据方案模型制作 twinmotion 漫游动画，展示设计方案成果
		3D、VR 漫游动画	根据方案模型制作 3D、VR 漫游动画
		扩初建模	根据扩初图纸建立全专业模型
		扩初碰撞检查	针对扩初模型进行建筑、结构、机电专业碰撞检查
	施工图设计 BIM 应用	施工图设计建模	根据施工图建立全专业模型
		施工图设计模型碰撞检查	根据施工深度建立的建筑、结构、暖通、给水排水、电气专业 BIM 进行碰撞检查，提交纠错报告及修改建议反馈给甲方
		管线综合优化	对机电管线主管线的路由、布设方式进行管线综合。提出优化调整方案，协助解决吊顶空间问题、管线实际排布问题
		总图 BIM 深化	对总图上给水排水井盖、消火栓位置、地下管线与地库和小区道路的相互关系建模优化调整
		节能分析	节能分析
		施工图设计模型漫游动画及 360° 全景图	施工图设计模型漫游动画、360° 全景图
		工程量统计	从现有模型中导出清单量供业主参考
		室内精装建模	选择精装建模的区域面积

6. 建立 BIM 应用激励机制

在实际的 BIM 应用过程中，建设企业需要为 BIM 的应用打下基础并提供相应的费用，同时还需要调动项目合作方积极推广和应用 BIM 技术。为了提高 BIM 应用的技术性和规范性，建设企业可以加大和相关科研机构或高校的合作力度，同时还需要不断地提高 BIM 应用模式技术含量，并进一步探索 BIM 应用价值在各个利益方之间的分配方式，通过绩效评估的方式来提高利益分配的公平性，通过奖惩制度来调动各个参与方的积极性和主动性。

各方配合工作	预期成果	备注
提供相关电子图、蓝图	依据场地三通一平后的状况进行三维建模，进行周边道路管线、建筑环境建模等，直观表示场景要素，并导出动画	
	实景模型，最真实地将现场环境进行还原，进行数据的提取	
	市政管线综合复核（管线搬迁的碰撞复核），分阶段模拟复核管线搬迁方案、标准复位管与建筑顶板标高。交通组织，交通疏解车辆的通行能力复核	
提供方案意向说明、手绘图纸	快速建立多个方案模型，便于方案选择和探讨	
提供相关电子图、方案模型	出具各项分析报告	
提供方案模型	MP4 格式动画文件	
提供方案模型	VR 漫游动画，可在手机端使用 VR 眼镜观看	
提供相关扩初图纸	各专业 LOD200 模型	
各专业扩初模型	出具相关报告供设计单位在后续施工图设计过程中优化更新	
各专业施工图	各专业 LOD300 模型	
各专业施工图 BIM	1. 碰撞报告（WORD 格式） 2. 最不利点的碰撞剖面分析（WORD 格式） 3. 净高分析报告（WORD 格式）	
	1. 管线综合定位图纸（DWG 格式） 2. 综合优化方案（模型 NWD 格式）	
总图图纸	1. 管线综合定位图纸（DWG 格式） 2. 各专业管线图纸（DWG 格式） 3. 总图带管线及小区道路的建模模型（NWD 格式）	
提供相关电子图、蓝图	通过 BIM 输出 DWG 图纸，辅助添加信息配合节能计算，出示节能计算报告，配合项目在当地进行报建	
施工图 BIM	1. 对已有的设计模型进行漫游设置，并导出动画 2. 选定视点，制作 360° 全景图片	
施工图 BIM	利用 Revit 明细表功能及扣减规则，添加成本参数，完成混凝土等主要工程量清单统计	
提供相关电子图、蓝图	针对重点公共区域或标准区域建立精装模型，研究精装和其他土建相关专业间的碰撞问题，优化隐蔽工程设计，使机电管线的综合排布充分考虑精装要求，为精装效果能最终顺利实施提供保障	

BIM 应用奖励机制

序号	BIM 奖励	评定要求
1	该项目合同额的 4% 作为奖励	市政及公建项目开展部分专业 BIM 技术应用，全专业应用满足 BIM 成果合格要求
2	该项目合同额的 2% 作为奖励	住宅项目开展全专业 BIM 技术应用，全专业应用满足 BIM 成果合格要求。市政及公建项目开展部分专业 BIM 技术应用，各专业应用满足 BIM 成果合格要求
3	该项目合同额的 1% 作为奖励	住宅项目开展部分专业 BIM 技术应用，各专业应用满足 BIM 成果验收要求

A

BIM⁴

吾日三省吾身。
——《论语·学而》

4.1 项目反思

1. 传统建筑思维及方法的转型障碍

BIM 是一种包含了建筑工程项目全寿命周期的各个阶段的工作流程与信息管理的技术理念。但是，国内 BIM 技术还处于发展阶段，对 BIM 技术不能很好地普及与把握，导致 BIM 技术的成本较高。主要表现在：建筑信息模型建模软件的研发存在缺漏，BIM 技术的学习难度较大，培训费用较高，而短期的使用反而会延误建筑工程项目的工期，工作效率大大降低。另一方面，BIM 技术的思维模式与传统建筑思维有很大不同，BIM 基于三维模型，不同于传统建筑领域的二维平面图。要从二维平面图转向三维模型，对建筑行业来说是一次巨大的改革，对相关工程技术人员的思维方式也是一次需要勇气的尝试与改变。同时，大部分的建筑从业人员对 BIM 技术的应用还存在着一定的误解，认为 BIM 是利用相关软件进行三维模型的建模，而实际上 BIM 不仅仅是几款软件的应用，更是一种理念，是对整个项目全过程的数据信息化管理，也是对建筑工程项目整体利益的把握。

2. 缺少 BIM 的全过程综合应用

目前，BIM 通常从设计阶段开始建立模型。然后，将模型移交给施工单位指导施工，在施工过程中输入施工过程信息，最后得到竣工模型，用来指导运行维护。然而，问题在于设计院以设计为目的而建立的 BIM 模型是否真正能够指导施工？设计院建立的 BIM 模型还有没有向后应用的价值？如果没有价值，或是价值不大，设计院的 BIM 工作又如何继续开展？BIM 将信息贯穿项目的整个寿命周期，对项目的建造以及后期运营管理、综合集成意义重大。但目前来看，各阶段缺乏有效的管理集成，BIM 在中国的应用也基本依赖于个别复杂项目或某些业主的特殊需求，充分发挥 BIM 信息全生命周期的集成优势成为一大难题。

3. BIM 应用大环境不够成熟

由于 BIM 技术是在近几年开始不断推广并逐步兴起的，BIM 技术也在不断地完善和改进，BIM 应用的大环境也不够成熟。具体表现在：①目前我国针对 BIM 的相关标准规范与法律条款还不够完善，缺乏对相关责任的明确界定。由于 BIM 综合技术应用于建筑工程项目存在相应的风险，到底由谁承担工程项目的损失，如何解决相关问题，还需要依据一定的政策、法律法规及技术规范来界定。②业内对 BIM 技术的相关软件的学习程度不够，导致建筑工程项目能运用 BIM 技术的人才相对较少，直接影响工程项目的 BIM 技术综合应用和推广进度。

4. 信息集成和共享方面仍存在障碍

BIM 的综合技术能很好地运用在一些大型建设工程项目和综合性强的建设项目上，因为它能涵盖建筑工程项目的众多信息，通过运用 BIM 技术的相关数据平台，可以在建筑工程项目的任何一个阶段调用所需的项目数据，对项目进行综合性的动态管理。在上海中心大厦的工程项目建设中，建筑物外表是异形曲面，内部空间关系复杂，想要顺利完成难度相当大。在上海中心大厦项目应用 BIM 综合技术后，通过各个阶段的协调与各专业直接协同工作，共享项目之间的数据，很好地解决了项目实施中所遇到的困难，取得了不错的预期效果。然而，BIM 数据是基于 BIM 相关软件的数据集成平台和数据共享功能。目前，在我国缺乏合适的协作平台和集成工具，因此，在不同软件之间无法进行数据间的交换，在不同工程项目、不同阶段，不能很好地共享建设的 BIM 数据信息。我国基于国外的 BIM 相关软件进行的二次开发成效不是很明显，还需要不断地加强其兼容性，以确保 BIM 软件之间的数据信息能相互关联，实现数据的完美传递。同时，在我国建筑领域中也应确立统一标准的 BIM 数据信息化表达，用统一的格式实现信息共享、信息传输。

5. 人才转型、培养过程复杂

在普及新的设计和施工技术时，最大的挑战是高级团队领导者所需要的知识转型。这些团队中的骨干成员，通常有几十年的客户资源、设计开发流程、设计和施工计划和进度安排，以及项目管理方面的经验，这些经验是公司竞争力的源泉。而 BIM 带来的挑战在于如何让他们参与到知识体系、业务转型中来，使他们能够实现将原有专业知识和 BIM 融会贯通，达到新的突破。

4.2 BIM 发展方向

1. BIM+ 装配式

装配式建筑对传统建造方式产生了颠覆性变革，比传统建造方式大大缩短了建设工期，工程质量得到全面提升，具有显著的节能、节水、节材效果，大幅度减少施工现场建筑垃圾及扬尘，对保护环境具有积极影响。其主要特征是：标准化、模块化设计，预制构件工厂化生产、装配式施工、一体化装饰装修、信息化管理、智能化应用。标准化是发展装配式建筑的前提基础和技术支持，随着装配式建筑体系技术体系的快速发展，生产的社会化、规模化、技术难度和工程复杂程度越来越大，实现标准化的目标越来越重要。目前，我国装配式建筑正处在摸索研究阶段，设计、施工、运维等各个环节相互磨合。装配式混凝土主体结构采用预制形式，忽略了标准化设计和兼顾生产施工一体化的思路，由于缺乏这样的设计思路，大多是将现场作业搬到加工厂进行预制构件的生产加工，模块化、标准化的水平较低，生产线流水生产施工难以实现，缺乏装配式建造的人员工艺管理机制，这些因素都会对装配式建筑的发展产生不利影响。由于我国国情使得近几十年装配式混凝土建筑发展停滞，技术人员对装配式混凝土建筑的设计、施工、运维等内容都比较陌生，相关的技术内容不了解，但是随着国家对装配式建筑的重视，装配式混凝土结构作为装配式建筑的重要组成部分，将会有很大的发展空间。

建筑产业现代化的需求：建筑行业节能减排的需要；改变建筑业传统设计和建造模式，提高建筑业的科技含量、建筑性能和工程质量的需要；提高建筑市场劳动力资源的需要；提高建筑工程质量、节约社会资源和降低生产成本的需要。

目前装配式混凝土建筑设计采用了基本等同现浇结构的方法，但其具体的建造过程与现浇混凝土结构仍然具有差异。建筑设计单位和施工单位对装配式住宅的概念理解不到位，在实际工作中依旧套用现浇混凝土结构的做法，这就产生了一系列问题，而这需要把装配式混凝土结构的特点作为切入点进行深入研究，找到其与现浇混凝土结构的差异性，为装配式建筑的设计建造提供技术参考。

信息化技术如 BIM 技术、3D 打印技术在建筑行业发挥着越来越重要的作用。利用 BIM 技术可以建立项目的立体三维模型，能够直观反映出项目的真实状况，真正做到所见即所得，由于传统的建筑设计师、结构设计师与机电安装设计师都是分别设计，在模型整合过程就会出现结构与管线碰撞的问题，利用 BIM 技术就可以进行碰撞检查，提前发现模型的错、漏、碰、缺。但目前我国将 BIM 技术与装配式建筑相结合的应用研究不够深入、应用案例也较少，因此下面将以真实案例为研究基础，将 BIM 技术应用到装配式建筑的设计过程中，介绍如何运用 BIM 技术进行装配式建筑结构设计，形成预制构件库和预制构件施工图。

1）为什么要在装配式设计中使用 BIM

（1）提高装配式建筑设计效率：利用 BIM 技术所构建的设计平台，装配式建筑设计中的各专业设计人员能够快速地传递各自专业的设计信息，对设计方案进行"同步"修改。

（2）实现装配式预制构件的标准化设计：BIM 技术可以实现设计信息的开放与共享。设计人员可以将装配式建筑的设计方案上传到项目的"云端"服务器，在其中进行尺寸、样式等信息的整合，并构建装配式建筑各类预制构件（例如门、窗等）的"族"库，有助于装配式建筑通用设计规范和设计标准的设立。

（3）降低装配式建筑的设计误差：通过 BIM 模型的三维视图，对预制构件的几何尺寸及内部直径、间距等重要参数进行精准设计、定位，对装配式建筑结构进行精细化设计，减少装配式建筑在施工阶段容易出现的装配偏差问题。

2）BIM 在装配式设计中的协同设计

（1）方案设计阶段协同设计

方案设计阶段前期，在建筑、结构、机电、装修等各专业 BIM 三维模型上进行密切配合，对预制构件、配件制作的可能性、经济性、标准化设计以及安装要求等作出策划。在方案阶段，根据技术策划要点做好平面、立面、剖面设计，在满足使用功能的基础上，通过模数协调的手段，以提高模板使用率和体系集成度为目标进行设计，通过专业间协同，实现建筑设计的模数化、标准化、系列化和功能合理，实现预制构件及部品的"少规格、多组合"。

（2）初步设计阶段协同设计

结合各专业的工作进一步优化和深化。通过确定建筑的外立面方案及装饰材料，结合立面方案和墙板组合设计方案，实现需要的立面效果，并反映在 BIM 技术的立面效果图上。在预制的墙板构件上开始考虑电气专业的强、弱电箱，预埋管线和开关点位的技术方案。同时，装修设计也需提供详细的设施布置图。在 BIM 技术的数据模型中进行碰撞检查，从而确定布置方案的可能性。还需要根据 BIM 技术数据模型中提供的经济性信息，评估并分析建造成本对技术方案的影响，并确定最终的技术路线。

（3）施工图设计阶段协同设计

施工图阶段需要继承初步设计确定的技术路线，并进行深化设计。各专业与建筑部品、装饰装修、构件厂等上下游厂商加强配合，在统一的 BIM 技术数据平台上，做好构件组合和深化设计，提供能够在构件加工厂加工的预制构件尺寸控制图，做好构件的预留预埋和连接节点设计，重点还要做好节点的防水、防火、隔声设计和系统集成设计。相对现浇结构，装配式还需要在建筑工程设计文件编制深度规定的基础上，增加构件尺寸控制图、墙板编号索引图和连接节点的构造详图等。建筑师的主要工作是协助结构专业做好预制构件加工图的设计，确保预制构件实现设计意图。

3）BIM 技术在装配式设计中的主要价值

（1）利用 BIM 技术的可视化设计和各种功能、性能模拟分析，有利于建设、

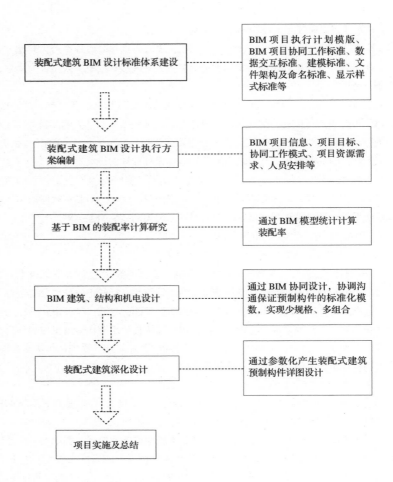

基于BIM的装配
式建筑设计工作
流程及方法

装配式建筑BIM设计标准体系建设 ----- BIM项目执行计划模版、BIM项目协同工作标准、数据交互标准、建模标准、文件架构及命名标准、显示样式标准等

装配式建筑BIM设计执行方案编制 ----- BIM项目信息、项目目标、协同工作模式、项目资源需求、人员安排等

基于BIM的装配率计算研究 ----- 通过BIM模型统计计算装配率

BIM建筑、结构和机电设计 ----- 通过BIM协同设计，协调沟通保证预制构件的标准化模数，实现少规格、多组合

装配式建筑深化设计 ----- 通过参数化产生装配式建筑预制构件详图设计

项目实施及总结

设计和施工等单位沟通，优化方案，减少设计错误，提高建筑性能和设计质量。

（2）利用建筑信息模型专业之间的协同，有利于发现和定位不同专业之间或不同系统之间的冲突和错误，减少错、漏、碰、缺，避免工程频繁变更。基于4D（+时间）模型，开展项目现场施工方案模拟、进度模拟和资源管理，有利于提高工程的施工效率，提高施工工序安排的合理性。基于信息模型，进行工程算量和计价，增加工程投资的透明度，有利于控制项目投资。

（3）利用三维建筑模型的建筑信息和运维信息，实现基于模型的建筑运营管理，包括设施、空间和应急等，降低运营成本，提高项目运营和维护管理水平。

（4）基于BIM技术的城市建筑信息模型数据存储与利用，实现与城市地理信息系统的融合，建立完整的城市建筑和市政基础设施的基础信息库，为本市智慧城市建设提供支撑。同时，城市建筑信息模型数据的开放，能够实现建筑信息提供者、项目管理者与用户之间实时、方便的信息交互，有利于营造丰富多彩、健康安全的城市环境，提高城市基础设施设备的公共服务水平。

4）应用内容

（1）根据装配式项目的特点，依据工作制度建立建模标准规范。整理项目建模思路，分级设置为零件级族模型—构件级族模型—项目预拼装模型。通过对零件模型的调取和参数赋予，保障建模效率和建模精度。

（2）通过构件的精确建模，提前发现设计错误、专业冲突及合理问题，并利用模型对图纸优化，提前解决设计中的问题，减少后续施工中的错误。

（3）利用预拼装装配式建筑的预制构件，检查相邻拼装构件之间的尺寸误差，提前避免预制模板的加工浪费及工程安装时构件拼装不合理的问题。通过 BIM 模拟，进行节点部位钢筋碰撞检查，确保节点处理满足设计规范要求，便于施工。

（4）在预拼装好的模型基础上，按照设计要求建立本项目的机电模型，检查机电系统与搭建好的土建模型之间存在的空间合理性的问题。对建立的机电系统模型进行深化，对机电系统复杂部位及管线标高进行优化，并结合模型对机电图纸进行优化，提前处理机电系统错、漏、碰、撞的问题。

（5）利用深化机电系统模型进行孔洞精确预留，整合构件中的预留洞口和预埋构件，形成构件的设计。检查预制构件中的不合理或者需要设计调整的部分，绘制预制构件施工图并建立成库，进而指导预制构件的加工。

（6）利用 BIM 提取实物数量，进行限量运输，避免二次搬运和降低材料损耗，减少建筑垃圾。同时对相关实物数量进行快速查询，制订精确的物资计划，精准采购，降低库存，减少资金占用。

（7）利用 BIM 技术进行三维场地策划，模拟场地的整体布置情况，对施工现场进行科学合理的布置，提前发现和规避问题，协助优化场地方案。

（8）利用 BIM 的虚拟性与可视化，提前反映施工难点，避免返工，模拟展现施工工艺。三维模型交底可提升各部门间协同沟通效率，优化施工过程管理。

（9）在计算机中，对项目的专项技术方案进行模拟，通过设计方案的比选优化，发现设计方案和施工工艺的缺陷并加以修改，决定出最佳的设计与施工方案。同时，通过方案预演及风险分析，对方案中的人力、物力、工期等进行精确计算，实现虚拟建造的真正价值。

（10）将吊装方案直观模拟演示，检查项目各构件的吊装方案中存在的问题，并优化。如：外挂板构件、内墙构件、叠合梁构件、预制楼板构件、预制楼梯等安装方案。

（11）通过 BIM 技术对装配式工序模拟，解决本工程项目预制构件数量多、吊装安装难度大、工序复杂等问题，保障构件安装有序进行。

（12）建立项目数据库，在项目拼装施工过程中，各参与方利用平台数据库传递并收集信息，使得各参与方都可以获得准确、清晰、实时的信息，从而对项目实施更高效的管理。

（13）通过 BIM 的搭建及工程构件、材料、属性等信息的录入，参与建设的工程材料在入场时便具有了独有的工程数据。将物料的自身信息通过 BIM 软件导出，通过 RFID 技术的应用生成对应的二维码，并将二维码张贴到物资材料上，可以通过服务器数据库和移动扫码设备相结合，对项目的物料进行跟踪管理。

5）装配式建筑成果转化与产业化效益、社会效益、经济效益

（1）成果转化与产业化效益

目前，装配式混凝土结构大多是主体结构采用预制形式，忽略了标准化设计和兼顾生产施工一体化的思路。由于缺乏这样的设计思路，工厂化预制构件生产加工的模块化、标准化水平较低。通过重塑装配式建筑的建筑设计和结构设计流程，提高装配式建筑的设计质量，提高设计企业的工作效率，减少人力、物力的浪费，打造优质业绩，吸引新项目，从而为企业带来相应的效益。

（2）社会效益

对比传统建筑施工，装配式建筑有着良好的社会效益，主要体现在资源与环境的保护方面。

（3）节水效益

在我国建筑行业中，用水量占据着很大比例，并且水资源的回收、利用成果较差。运用装配式施工模式，可以降低养护过程的用水量及湿作业工作量，提升节水效益。

（4）节能减排效益

在装配式建筑施工中，通过大量使用保温、节能材料，可以降低建筑工程热能的散失，达到节约热能的目的。同时，在施工过程中，也可以降低用电能耗。在建筑后期使用过程中，装配式建筑也有着良好的节能效果，装配式建筑的碳排放量明显降低。

（5）经济效益

对比传统建筑施工，装配式建筑的经济效益主要体现在建造成本和使用成本两方面：

①建造成本

建筑工程施工成本主要包括：各种人、材、机及运输成本等。对于装配式建筑，其成本优势主要体现在材料运输成本和现场安装成本两个环节，施工现场不需要太多的仪器设备与工作人员，只需做好组装拼接工作即可。此外，装配式建筑的施工时间更短，对于施工周期的控制更加有利。

②使用成本

建筑工程使用成本，主要包括：管理成本、能耗成本等。通过对装配式建筑施工引进相应的新设备，新工艺，新技术等，可以提升管理的质量与效率。另外，装配式建筑的能耗成本更低，装配式建筑更加注重新型能源、环保建筑材料的影响，因此，在使用过程中，仅会产生较小的能源消耗量。

2. BIM+ 全过程咨询

1）BIM 在全过程工程咨询中的应用优势

2017 年以来，国家和地方陆续出台了相关政策和制度，大力推进全过程工程

咨询的试点工作，鼓励建设项目实行全过程工程咨询服务。国家发展和改革委员会、住房和城乡建设部《关于推进全过程工程咨询服务发展的指导意见》（发改投资规〔2019〕515号）文件中指出，咨询单位要建立自身的服务技术标准、管理标准，不断完善质量管理体系、职业健康安全和环境管理体系，通过积累咨询服务实践经验，建立具有自身特色的全过程工程咨询服务管理体系及标准。应开发和利用建筑信息模型（BIM）、大数据、物联网等现代信息技术和资源，努力提高信息化管理与应用水平，为开展全过程工程咨询业务提供保障。

BIM技术相对于传统的CAD画图模式有着很大优势，传统的CAD制图虽然大大地提高了画图的精度和效率，但是画出的CAD图纸是一种二维表达的板式图，这种二维的表达方式在很大程度上限制了设计师的创造力和想象力，使设计出来的图纸表达得非常不清楚。BIM技术不仅可以做出和项目建筑实体非常接近的三维模型，也可以导出CAD、PDF形式的二维图纸及细部的节点图，不再需要单独画节点图，既快速又方便，而且可以通过这个模型去做施工动画和施工工艺，对整个项目的施工进度和施工工艺，工程特点、难点有直观的了解，进而对项目的施工进度和项目成本更有效地控制，把控整个项目的工程造价。

BIM不仅是数字信息的集成，更重要的是对这些数字信息的应用。在建筑工程整个生命周期中，建筑信息模型可以实现集成管理，将建筑物的信息模型同建筑工程的管理行为模型进行完美组合，可以使建筑工程在整个建设进程中提高效率、降低风险。

2）本土 BIM 应用系统和应用软件逐步完善

纵观我国的BIM技术软件，无论是在数量，还是在功能质量上，还是在可应用范围上，近几年都有了长足的进步。在一些项目中逐渐形成了基于BIM技术的项目管理体系，并取得了不错的成效。而基于BIM技术的项目管理体系有独特的优势，主要表现在：交互三维可视化、数据结构系统化、管理协同平台化、知识挖掘智能化、经营决策大数据化。

（1）交互三维可视化

建筑中包含给水排水系统、照明系统、消防系统、空调系统等。相关设备设施在BIM中以三维模型的形式表现，可以直观地查看其分布的位置，方便建筑使用者或业主对于这些设施设备的定位管理。

三维可视化虚拟空间环境作业可以帮助我们降低空间想象能力，视觉更加直观，与人沟通起来更加通畅，空间几何的自动计算还能帮助我们找出设计错误等。

（2）数据结构规范化

随着BIM数据交换、存储、应用等标准的不断完善，BIM的数据结构也越来越规范化。数据的计算能力大幅提升，数据可检索、可分类、可追溯，也能更好地体现业务逻辑、更好地支持计算模型算法，也更好地支持计算模型之间的数据转换。

在建筑信息模型领域，关于数据的基础标准一直围绕着三个方面进行，即：数据语义、数据存储和数据处理。由国际BIM专业化组织BuildingSMART提出，并被ISO等国际标准化组织采纳，上述三个方面逐步形成了三个基础标准，分别对应为国际语义字典框架（IFD）、行业（工业）基础分类（IFC）和信息交付手册（IDM），由此形成了 BIM 标准体系。

（3）管理协同平台化

传统项目各参建单位往往"各自为政"，建筑各专业之间割裂，项目周期各个阶段之间割裂，由于缺乏有效的数据支撑与技术支撑信息，没法实现真正意义上的业务管理协同，往往会形成一个个"信息孤岛"。基于 BIM 技术进行全生命周期的项目管理，通过参数模型整合各项目的相关信息，在项目设计、施工和运维的全生命周期中进行共享和传递，使工程技术人员对各种建筑信息获得正确理解并高效应对，为设计团队、施工团队、成本团队、业主等各建设主体提供协同工作的基础，提高生产效率、节约成本和缩短工期。

（4）知识挖掘智能化

建筑数据模型中的信息随着建筑全生命期各阶段（包含规划、设计、施工、运维等阶段）的展开，数据会逐步被积累。而积累的海量数据通过知识挖掘生成新的知识和规则，提升建筑项目管理服务。

知识挖掘是指从数据中获取实体及新的实体链接和新的关联规则等信息。主要的技术包含实体的链接与消歧、知识规则挖掘、知识图谱表示学习等。

（5）经营决策大数据化

企业在生产、管理、经营等业务活动过程积累起来的知识，如果不被记录整理，不被总结提升，固化形成企业甚至行业的知识数据库，那么这笔企业财富很容易因为人员的流动而丢失。

BIM 项目本身会积累大量的数据。根据项目积累的大数据、企业内部管理积累的大数据、行业提供的大数据可以形成一些指标帮助相关决策，可以使得决策行为有数据参考，提高决策精准度。比如，造价大数据可以通过海量的造价数据积累形成造价指标，预测和评估未来的建筑项目造价。

3）BIM 在全过程工程咨询中的应用

随着 BIM 技术应用的深入发展以及国内外 BIM 相关软件的进一步成熟，我国建筑行业的信息化和产业化也有较大的进步。在工程全过程咨询中，BIM 技术在各阶段（设计、施工、运维管理）都有所应用。

（1）BIM 在设计阶段的应用

设计方在根据前期的投资决策阶段中确定的工程量指标、造价指标等进行方案设计、建筑结构设计、施工图设计的过程中，咨询单位也同步进行 BIM 的建立，并随时添加更新构件的各项信息，在模型精度从 LOD100 到 LOD300 的更新中，随时监控各项指标数据的变化，始终处于要求范围以内，从而避免超出指标导致的返工，加快设计速度。

在完成 BIM 建立与空间规划后，即可进行其他系统所需信息数据的应用，例如，BIM 施工管理、绿色建筑分析、温度及日照耗能等分析、建筑结构机电施工图等，这在减少设计师的工作量的同时，使图纸的质量更加有保证，有利于设计图与预算文件的确认及招标工作进行，加速项目整体工作进度，并且有利于设计方与业主、建设方的工作沟通，为数据后续的建设工作的串联打下基础。

（2）BIM 在施工管理阶段的应用

在工程的全生命周期中，BIM 技术在施工管理阶段的咨询服务属于在各阶段中服务时间最长、项目最多、配合力度最强和效益最明显的。BIM 技术不仅有国家政策上的支持，实际的运用价值也越来越受到施工单位的认可，由于其在招标或施工阶段具有工程量计算、成本优化等方面快速且准确的优势，项目运用 BIM 技术在某些省市可以作为加分项，这能提高施工企业在对外投标中的项目中标率，获取更多的收益。

在施工准备阶段，可以利用质量有保证的 BIM 进行"检查碰撞"校验，做到事前预防和发现，大幅减少施工变更。在某公建项目中，由于项目的造型复杂，通过利用 BIM 技术能提前发现二维图纸无法发现的碰撞点，比如由于看台斜板的原因，导致板下房间的门窗与结构冲突，以及吊顶在某些位置高度不够等问题，通过三维截图和平面图纸的形式提供报告，让各方准确地明白问题并及时反应，避免后期通过变更改正，从源头减少工程争议的可能。

在优化施工方案方面，在施工空间有限的区域，利用 BIM 可以提前模拟施工流程；在场地规划方面，可以促进施工现场布置和管理，使空间利用更高效，施工机械设备利用更优化，减少浪费，提升现场安全文明施工作业管理水平，减少安全隐患。在施工实际中，往往会有多家分包单位按照区域施工，不同队伍间的工作区分与配合就要求总承包方有良好的管理手段，可以通过 BIM 技术提前录入各分包队伍的信息，自动完成施工的分包管理配置，安排好施工交叉位置的施工顺序，这样可以全面地提高总承包方对于工作面的管理能力。

由于在 BIM 里还能录入施工时间、造价等信息，所以在施工阶段能够做到从3D（三维构件信息）到 4D（工期信息）再到 5D（造价信息）的数据信息串联。数据是随时联动记录的，所以一旦有工程变更或者某种工作需要，都能实时、快速地提供数据支持。

除此以外，对于某些装配式施工的项目，能对预制构件进行信息化管理，提前赋予预制构件"ID"信息，让构件从加工、出厂、运输、现场堆放、吊运、安装等整个施工状态都能通过芯片配合云平台的技术手段实现信息共享。管理人员只需通过智能终端，或者是计算机上的 BIM 管理系统查看任何一个部位的施工参数及当前施工进度情况，让施工管理变得便捷、精准、经济。

（3）BIM 在运维管理阶段的应用

在项目的运维阶段，BIM 技术需求也非常大。随着物联网技术的高速发展，物联网已经被视作继计算机、互联网之后世界信息产业的第三次革新。而将物联网技术和 BIM 技术相融合，并引入到建筑全生命周期的运维管理阶段，发挥其大数据运营管理共享平台功能，会带来巨大的经济效益。不仅深化 BIM 技术应用效果，又提高项目运维阶段设备设施的管理水平和效率，保证信息化技术应用的合理性和先进性，提高项目建设品质。

（4）BIM 在全过程工程造价中的应用

在每一个项目中，工程造价贯穿整个项目的全生命周期，在投资决策阶段，

BIM 落地实施总结表

阶段	落地 BIM 模型	落地 BIM 服务
方案与初步设计	3D 方案模型; 3D 初步设计模型; 4D 模型; 5D 模型	园区内区域地下管线综合方案分析与论证; 采光方案分析; 采暖通风方案分析; 机电方案分析; 能耗分析; 5D 造价分析
施工图设计	3D 施工图设计模型; 4D 模型; 5D 模型	管线碰撞分析; 模型版本管理; 对设计管理图纸完整性及问题进行跟踪、控制的系列措施; 记录图纸及问题的演化过程; 4D 工程进度分析; 5D 工程量清单
采购	3D 合约规划模型	基于 BIM 划分本项目合同包和合同界面, 模型与技术规格书关联
施工前准备	土方 BIM; 4D 模型; 5D 模型	采用无人机土方算量技术; BIM 辅助技术进行可施工性分析和评审; 4D 进度分析; 5D 工程量清单
施工	3D 深化设计模型; 4D 模型; 5D 模型	总承包管线综合管理; 3D 打印数字化主题栏杆建造; 二维码指导现场; 模块化设计建造; 数字化主题铺装; 4D 进度管理; 5D 算量
运维	6D 模型	竣工规模性转化运维模型; 批量录入运维信息; 资产管理设施清单; 设施编码; 整合设备信息、位置、运行状态、空间环境检测、安全摄像灯信息源

参考美国项目管理协会《PMBOK Guide》应用 BIM 知识点总结表

项目管理	定义	BIM 应用	预期性能
集成管理	合并与协同	模型创建 冲突检测	减少变更
范围管理	定义范围	输入技术规格书信息, 可视化范围界面	改进界面管理
时间管理	进度计划	4D: 评估进度计划、物流计划可行性	加强进度控制 没有延误
成本管理	估算, 预算和成本控制	5D: 输出工程量清单和计价, 变更计价	加强预算控制和减少变更
质量管理	质量保证和控制	技术规格书、用 BIM 现场检查	减少整改清单, 减少现场修改
人力管理	团队组织和协同	用 BIM 进行沟通	改善协同和会议效率
沟通管理	及时生成、收集、储存、分发、检索和处理	BIM 相关信息管理结构和流程	信息的一致性, 及时更新的信息, 准确的竣工模型和图纸
风险管理	识别风险和减少负面事件的影响	通过 BIM 过程, 及时发现延误输入, 特别是进度计划、深化设计图提交和施工计划提交	减少设计问题的影响, 减少可建造性问题影响
采购管理	购买或获取所需的产品、服务	基于 BIM 进行合同包划分, 包括合同界面划分等	减少合同界面划分不清晰

BIM 技术可以高效地对整个项目所需成本进行比较精确地估算, 直至竣工结算阶段, BIM 技术可以对项目进行实际造价的计算。

针对施工作业模型, 加入构件的项目特征和构件的参数化信息, 完善建筑信息模型中的造价信息, 利用 BIM 软件从中提取各清单子目工程量与项目特征信息, 可以快速、有效地完成工程量的统计, 有效地提高造价人员编制各阶段工程造价的效率和准确率。由此, 通过施工作业模型, 对项目的动态成本进行有效监控和管理。

在施工作业模型中, 按施工作业面的划分, 添加设备和材料信息, 建立可以实现设备与材料的管理和施工进度协同的建筑信息模型, 运用 BIM 技术达到按施工作业面下料的目的, 实现施工过程中设备、材料的有效控制, 提高工作效率, 减少浪费。

如何使模型中构件的工程量、项目特征、参数化信息快速转化成清单模式, 使 BIM 技术在全过程工程造价中更加完美的应用, 目前市面上的 5D 云产品很好地解决了这个难题。此软件的用途就是为从事造价工作的专业人员提供一个快速编制清单、工程算量、造价信息管理的云平台。5D 云的出现, 使得造价人员不再需要手动编辑清单，只需将施工作业模型上传至 5D 云平台，即可一键列出清单，大大提高了造价人员的工作效率，使我们对项目的动态成本能更有效地监控和管理。

BIM 技术对于全过程工程咨询的价值是巨大的，它不仅缓解了全过程工程咨询的处理难度，而且通过技术革新改进项目管理模式。通过 BIM 技术协同，项目全过程数据贯通，纵向贯穿设计—采购—施工—运维建筑全生命周期，横向贯通 3D—4D—5D—6D 的数据流转，管理团队通过可视化、数据化、智能化地进行项目管理，加强各参建单位信息交互的效率及效果，对提高决策水平、强化工程质量、节约投资成本、缩短建设周期、有效地规避风险等具有重大意义。

3. BIM+ EPC 总承包

EPC 总承包是指总承包方或者承包方联营体对整个工程项目的设计、设备和材料的采购、工程施工、工程的试运营直至交付使用的全过程、全方位的总承包。由于在 EPC 总承包模式中，建设单位基本不介入工程具体施工和组织，在 EPC 模式下，总承包单位有更大的自由发挥空间来突出其管理特长。

传统的全过程管理手段是：基于二维的数据传递，设计成果不精细，在传递过程中有丢失，专业协同不完整。BIM 技术作为建筑信息数字化的载体，具有设计表达数字化、数据信息协调化、信息传递连续化、数据功能多样化、信息调用便捷化和可控化等特点，可以说是进行 EPC 项目管理、全过程工程咨询服务的最优解之一。基于 BIM 技术，把"前策划，后评估"的理念贯彻落实到 EPC 项目管理中，可以大大提升项目质量。

1）BIM 在 EPC 项目设计阶段的应用

（1）提高工程设计质量

在我国工程设计行业发展进程中，项目复杂程度越来越高，导致设计工作更加繁杂，设计难度快速增加。在目前的工程设计阶段，工程设计模式还处于二维阶段，设计图纸中存在多专业间碰撞盲区，各专业设计人员无法对项目的实际情况进行完整的控制，导致项目过程中出现设计缺陷，降低了设计整体质量。将 BIM 技术应用于实际工程设计中，可使各专业设计人员实现设计从二维到三维的转变，增强对工程设计成果控制，实现精细化和规范化设计，达到提高项目设计成果质量的目的。借助 BIM 技术的多专业协同设计功能，解决了各专业之间，由于沟通不畅产生的错、漏、碰、缺，实现了设计数据的唯一性，提高了设计效率、降低了设计成本。

（2）提高工程设计可视化

BIM 技术的可视化在工程设计中起到了非常关键的作用。利用 BIM 技术的可视化特性，可以将各专业的空间布局进行全方位展示，并结合对三维模型的剖切，快速生成对应的平、立面图纸展现，实现了对工程设计成果的全面展示。运用 BIM 技术，以数据模型为基础，生成设计图纸，并对图纸进行自动标注，大大减少设计人员手工绘制图纸的工作量，使设计人员更专注于专业设计内容。在三维模型中可以使用软件提供的浏览功能，对项目成果进行查看，解决了传统绘图靠设计师的空间想象来表达专业内容的问题，降低了工程设计难度。相对于传统的二维设计而言，基于 BIM 技术创建的三维设计模型更为直观、清晰，加强了设计深度，有利于提高设计单位的设计效率和设计质量。

（3）实现协同化项目设计

工程设计是 EPC 中的一个重要阶段。在传统二维设计中，各专业设计人员经常遇见设计精度低、各专业间协同效率低的问题。运用 BIM 技术可在设计阶段将建筑、结构、管道、设备等各专业集成在同一平台，将整个设计过程整合到一个数据环境中，实现真正的多专业协同设计。不同专业的设计人员可在同一模型中进行各专业查看，跨专业和专业内的冲突问题，通过软件提供的模型校验功能进行校验，并自动生成冲突报告，设计人员可针对相应问题进行及时整改，避免设计成果存在设计缺陷，提高设计质量。

（4）实现精确工程量统计

使用软件提供的工程量统计功能，集成项目的工程建设信息，可以直接进行各专业工程量的统计，结合相关材料的价格信息得到工程造价，能自动生成与之符合的工程量清单及报表。较之传统的二维设计，BIM 设计能提升工程量统计，能提升概预算的工作效率和准确性。

2）BIM 技术在 EPC 项目施工阶段的应用

（1）优化施工方案

在项目施工过程中，需要在施工之前对项目制定详细的施工方案。传统的施工方案制定，由于施工人员对二维图纸的认知能力和施工经验的限制，在施工过程中容易出现各种问题，甚至出现返工的现象。在方案的编制过程中，结合项目特点，利用 BIM 技术进行施工的场地、施工设备、施工人员以及施工方案等各项工序的模拟与改善，验证施工方案是否合理，以便最终确定科学合理的施工方案，提升施工效率和质量，降低施工成本。

（2）管线综合优化

在正式施工之前，使用 BIM 模拟各专业管线的布局，区别不同专业间管线、暖通、电气等专业的干扰与冲突，这就是管线综合优化。在施工的过程中，经常会出现管道、桥架、暖通等专业因标高或路由问题导致的碰撞，BIM 软件可以检查各专业间的碰撞，然后根据检查结果对管线的布置进行调整与优化，以此来实现科学合理的管线布局，防止出现延误施工的情况，提高施工效率。

（3）施工进度、质量管理

在施工过程中，为了确保施工进度如期进行，需要结合项目实际情况，对整个工程 BIM 进度计划进行统一部署安排。技术人员可以对项目计划的开工时间、结束时间和施工工期，以及每个不同时间段应施工建设完成的项目情况了如指掌。同时，对施工内容的变更，备注变更的时间、原因等信息。

此外，施工过程中产生的一些变更单、验收单等纸质资料可以用电子化方式与三维模型对接，随时随地查阅，避免丢失；现场的施工情况也可通过建立 BIM 实时施工模型与设计模型互检，提前发现施工过程中存在的质量问题，实现精细化施工。

4.3 思考

1. 从企业层面关于 BIM 实践的思考

湖南省建筑科学研究院有限责任公司是湖南省的省级技术开发类科研机构。拥有住房和城乡建设部颁发的建筑设计甲级、城市规划编制甲级、风景园林工程设计专项甲级等资质，公司现有职工 800 余人。自 2014 年起，正式成立了 BIM 技术应用中心，开展 BIM 实践工作。开展项目荣获过多项国家 BIM 大赛一等奖、二等奖、三等奖等荣誉，参编了国家级和湖南省内的标准。2016 年 6 月，在湖南省住建厅的领导下成立了湖南省建筑信息模型（BIM）技术应用创新战略联盟，任副理事长单位，是湖南省六家 BIM 培训基地之一。

在 BIM 技术实践和推广的过程中，湖南省建筑科学研究院有限责任公司也遇到了很多的问题和难处。一，人才的匮乏。当前，懂得 BIM 技术的人员并不多，既懂 BIM 又懂设计的人员少之又少。BIM 人员的缺乏使得 BIM 工作的开展困难重重。二，资金投入能力差。一般的中小企业无法像大型企业一样，在短期内引进大量的专业人员和软硬件配置，如何在有限的资金投入下发挥最大的效果是中小设计企业 BIM 之路非常关键的一步。三，BIM 工作在短期内很难产生客观的效益。BIM 技术的推广会引发设计作业模式的转型，在推广前期会降低工作效率，而且软（硬）件的购买、人才培训、项目产生的试验成本等，提高了设计院的运营成本，使得很多的企业缺乏推广的动力。最后，当前 BIM 技术还处于高速发展的阶段，现有的技术还不成熟，无法实现 BIM 理论中理想完美的效果。

对企业 BIM 技术实践的建议：

第一，企业领导要清晰地认识到 BIM 技术对企业转型的巨大意义，以及企业对国家和省级 BIM 相关政策的响应。领导的高度重视和大力支持是 BIM 技术实践在企业推行中的巨大动力。

第二，做好企业的合理规划。从 BIM 技术实践的目标、实施的路线、企业内的相关政策以及预算等方面做好全面合理的规划。只有正确的引导路线才能形成令人满意的推行效果。

第三，积极对外交流，做好沟通和引进的工作。BIM 技术是一项处于高速发展中的技术，新技术的引进和推行绝不是闭门造车可以成功的，企业要积极的参与到对外的学习和交流中去，例如，参加省级或者国家级的 BIM 技术大赛，分享学习他人的成功之处。

第四，要做好人员的培训工作。BIM 技术的工具、理论和传统的设计工作有很大的差别，设计人员的培训工作是 BIM 技术实施的关键步骤。应该以小型的试点项目为依托，通过培训引领设计人员将 BIM 技术应用到项目的实践中去，积累宝贵的经验。

第五，寻求技术应用的突破点。大胆尝试，精心投入以 BIM 技术为助力企业的经营活动。从基础技术开始，针对项目投标方案演示、模拟分析、计量提取等工作开展专项方案的应用研究；逐步深化到将来应用 BIM 参数化提升设计的质量与水平。

第六，最后我们要积极总结项目实践的经验和教训，形成可复制的、可推广的指导文件。从项目实践中制定出项目级、企业级的 BIM 标准，最终实现在企业的全面推广。

2. 关于 BIM 施工图审查的思考

施工图审查是施工图设计文件审查的简称，是指建设主管部门认定的施工图审查机构按照有关法律、法规，对施工图涉及公共利益、公众安全和工程建设强制性标准的内容进行的审查。国务院建设行政主管部门负责全国的施工图审查管理工作，省、自治区、直辖市人民政府建设行政主管部门负责组织本行政区域内的施工图审查工作的具体实施和监督管理工作。根据住房和城乡建设部《房屋建筑和市政基础设施工程施工图设计文件审查管理办法》（住建部令第 13 号）第三条规定：国家实施施工图设计文件（含勘察文件，以下简称施工图）审查制度。

住房和城乡建设部于 2014 年《关于推进建筑业发展和改革的若干意见》、国办在 2017 年《关于促进建筑业持续健康发展的意见》和住房和城乡建设部《关于印发工程质量安全提升行动方案的通知》提出"改进审批方式，推进电子化审查，推进建筑信息模型等技术在工程设计、施工和运行维护全过程的应用，探索开展白图替代蓝图、数字化审图等工作""加快推进勘察设计文件数字化交付、审查和存档"。2020 年 5 月湖南省住房和城乡建设厅发布关于开展全省房屋建筑工程施工图 BIM 审查工作的通知，全省新建房屋建筑工程（不含装饰装修）施工图自 2020 年 6 月 1 日起分阶段实施 BIM 审查，申报施工图审查时应提交 BIM。要求建筑面积在 1 万 m^2 及以上的单体公共建筑、建筑总面积在 30 万 m^2 及以上的住宅小区、采用装配式的房屋建筑、采用设计施工总承包模式的房屋建筑施工图实行 BIM 审查；自 2021 年 1 月 1 日起，全省新建房屋建筑（不含装饰装修）施工图全部实行 BIM 审查。市政基础设施工程暂不纳入施工图 BIM 审查实施范围，待 BIM 审查系统具备市政基础设施工程审查功能后实施。

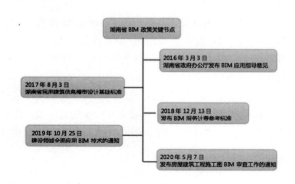

湖南省 BIM 施工图审查平台设计主体思路

目前看来，BIM 审查平台替代了以前的数字平台，但是由于各类软件自身不足和平台研发的滞后性，决定了 BIM 替代 CAD 图纸是个长期过程，在很长一段时间有可能共存，湖南省 BIM 施工图审查平台采用的是北京构力科技有限公司的技术平台，它们最有名的产品是 PKPM。

不破不立，设计院改革之煎熬

推动社会发展的是生产力，没有与之匹配的生产关系是不行的。虽然除了费用问题，BIM 的发展还存在软件不成熟、效率低下、软件学习曲线长等其他难点需要解决，但本书编者认为 BIM 施工图审查工作仍是不得不推行的重要工作，原因如下：

（1）提高图纸质量需要

当前背景下，设计人员过分追求产值，导致图纸质量下滑。虽然应用 BIM 不代表能解决所有设计中的问题，但是 BIM 能很大程度减少平面图的错、漏、碰、缺，这是业界公认的。

（2）智慧城市需要

智慧城市也叫数字孪生城市，是指把新一代信息技术充分运用到城市中，各行各业基于知识社会下一代创新（创新 2.0）的城市信息化高级形态，实现信息化、工业化与城镇化深度融合，有助于缓解"大城市病"，提高城镇化质量，实现精细化和动态管理，并提升城市管理成效，改善市民生活质量。湖南省从 BIM 施工图审查方向出发，从设计源头把控设计模型交付，是可行的，也是经济的。随着 5G 和 AI 技术的发展，从第一手设计信息资源出发，建立"数据仓库"和"智能分析"必将成为设计院新的收入增长点。不能单方向看待 BIM 及建筑信息化的问题，要融入时代大背景中，看到不足，更要看到趋势。

（3）施工设计总承包及全过程咨询的迫切需求

施工设计总承包模式和全过程工程咨询是目前炙手可热的两种工程发包模式，一个是基于工程设计和施工，一个是基于工程咨询，两者都有共通之处就是覆盖了设计、施工的整个流程。如果这时候仍然单纯的看待 BIM 的费用问题是狭隘的，设计费用包含在总承包或全过程工程咨询费中，特别对于 EPC 的施工方，设计费不高，而实现的价值却是巨大的。

行稳致远，强推政策之隐忧。随着 BIM 施工图审查的推行，也会出现两种趋势：一种是频繁开展 BIM 施工图审查的宣传和培训；另一种是过多批评，认为强推 BIM 是强市场之所难，付出与所得不成正比。本书编者认为，在推行 BIM 施工图审查的同时，要加以防范和做好积极准备：

（1）平台应通过广泛的大众测试。任何一个软件的推广都是需要经历反复的测试和漏洞修复，一旦图审平台漏洞繁多，使用不便，就会增加设计院负担。

（2）推广 BIM 施工图审查平台，应与现有规范做到相互融合。若 BIM 施工图审查的范围对应的标准、规范和规程有缺失的话，将会给审查机构和设计人员带来很多的困扰。

（3）推广 BIM 施工图审查应循序渐进，欲速则不达。初期的推广目标不宜一步到位，应循循善诱，使行业各方逐步积累经验，否则易适得其反。

附录

外联交流学习

湖南省城乡规
划学会专项规
划专业委员会
成立暨学术交
流会

参加欧特克AU
中国大师汇1

与国内优秀企业
进行技术交流

长沙理工大学产
学研合作

参加欧特克AU
中国大师汇2

创新杯 BIM 应用
大赛优秀作品发布
交流会

龙图杯全国 BIM
大赛颁奖仪式

科创杯全国 BIM
大赛颁奖仪式

龙图杯全国 BIM 大赛颁奖仪式

湖南省创意总部大厦项目方案讨论　　　　　　　　　　远大住工 PKPM-PC 交流会

院优秀设计竞赛

BIM 优秀作品案例

项目名称：湘西州非物质文化遗产展览
　　　　　综合大楼
建造地点：吉首市
建筑面积：37800m²
项目类型：公共建筑
获奖情况：第十四届中国 BIM 技术交流
　　　　　会最佳 BIM 设计应用一等奖

项目名称：湘西文化艺术中心
建造地点：吉首市
建筑面积： 2.9 万 m²
项目类型：公共建筑
获奖情况：第三届中国建设工程 BIM
　　　　　大赛三等奖
　　　　　第七届龙图杯全国 BIM
　　　　　大赛设计类三等奖

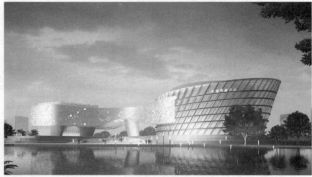

项目名称：桂阳县体育馆
建造地点：桂阳县
建筑面积：4.2 万 m²
项目类型：体育建筑

项目名称：石门县市民之家片区建设项目
建造地点：石门县
建筑面积：75000m²
项目类型：公共建筑
获奖情况：第四届科创杯中国 BIM 技术大
　　　　　赛设计组一等奖、第九届创新
　　　　　杯（BIM）应用大赛文化旅游
　　　　　类 BIM 应用第三名

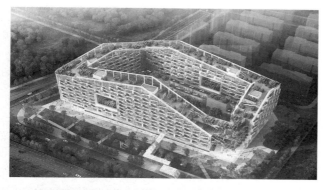

项目名称：腾讯双创社区（重庆）项目
建造地点：重庆市
建筑面积：12.6 万 m²
项目类型：综合体、办公
获奖情况：第八届龙图杯全国 BIM 大赛
　　　　　设计类一等奖

项目名称：湖南创意设计总部大厦项目
建造地点：长沙市
建筑面积：10.29 万 m²
项目类型：办公建筑
获奖情况：第九届龙图杯全国 BIM 大赛
　　　　　设计组二等奖、第十届创新
　　　　　杯（BIM）应用大赛工程全
　　　　　生命周期应用二类成果

项目名称：广安小平干部学院改扩建工程
建造地点：广安市
建筑面积：11.59 万 m²
项目类型：教育建筑

项目名称：创元时代
建造地点：长沙市
建筑面积：10.71 万 m²
项目类型：商业综合体

项目名称：湄江国家地质公园博物馆
建造地点：涟源市
建筑面积：3500m²
项目类型：公共建筑

项目名称：张家界武陵源皇冠酒店
建造地点：张家界武陵源
建筑面积：7.5 万 m²
项目类型：酒店建筑

项目名称：湘阴县人民医院整体搬迁工程
建造地点：湘阴县
建筑面积：8.0 万 m²
项目类型：医院建筑

项目名称：圆泰国际广场
建造地点：长沙市湘江新区
建筑面积：8.5 万 m²
项目类型：商业综合体、办公

项目名称：抚州王府井商业综合体
建造地点：抚州市
建筑面积：9.22 万 m²
项目类型：商业综合体

项目名称：山南市玉麦乡游客服务
　　　　　中心项目
建造地点：西藏玉麦
建筑面积：9.22 万 m²
项目类型：公共建筑、住宅

项目名称：龙山县惹巴拉影视基地
建造地点：龙山县
建筑面积：1 万 m²
项目类型：旅游建筑

项目名称：建工象山中小学及幼儿园
建造地点：长沙市
建筑面积：3.06 万 m²
项目类型：教育建筑

项目名称：润嘉国际商务中心（公园道）
建造地点：长沙市
建筑面积：6.5 万 m²
项目类型：商业、公寓

项目名称：正荣华悦公寓
建造地点：长沙市
建筑面积：6.0 万 m²
项目类型：商业、公寓

项目名称：宏源国际大厦（双塔国际）
建造地点：长沙市
建筑面积：3.33 万 m²
项目类型：商业、办公

项目名称：湘潭市翡翠湾项目
建造地点：湘潭市
建筑面积：74.28 万 m²
项目类型：住宅

项目名称：湖南建工·东玺台
建造地点：郴州市
建筑面积：70 万 m²
项目类型：住宅

项目名称：龙华财富广场
建造地点：永州江华县
建筑面积：13.6 万 m²
项目类型：商业综合体

项目名称：建工象山国际
建造地点：长沙市
建筑面积：41 万 m²
项目类型：住宅

项目名称：华晨世纪中心商业区
建造地点：湖南茶陵县
建筑面积：12.67 万 m²
项目类型：商业综合体

团队简介

　　湖南省建筑科学研究院由湖南省编制委员会、湖南省科学技术委员会 1987 年 8 月以湘编直〔1987〕120 号文批准成立，系省级技术开发类科研机构。拥有住房和城乡建设部颁发的建筑设计甲级资质，城市规划编制甲级资质，风景园林工程设计、市政工程设计专项等多项甲级资质及建设项目代建管理。

　　2014 年成立 BIM 技术应用中心，现已有培训教师和 BIM 技术人员 20 多人，在公共建筑、商业综合体、智能建筑、医院、学校、高端住宅等领域积累丰富的项目管理及实施经验，并获得多个 BIM 大赛奖项。

周湘华　副院长 / 总建筑师

教育和工作经历
湖南大学　建筑学工程　硕士
湖南省建筑科学研究院有限责任公司 副院长 / 总建筑师
湖南大学、湖南工业大学、长沙理工大学客座教授

相关社会职务及职称
研究员级高级工程师、国家一级注册建筑师、湖南省优秀勘察设计师、湖南省建设科技行业工作者、湖南省综合评标专家库评标专家、长沙市发改委专家库专家、湖南省建筑师学会理事会常务理事、国资委国有资本经营预算支出项目评审专家。

张平　BIM 技术应用中心主任

资深 BIM 项目经理，从事 BIM 行业 15 年，湖南省建筑信息模型（BIM）技术应用创新战略联盟专家技术委员会专家，湖南省建科 BIM 产业链发展联盟秘书长，长沙市新型智慧城市建设专家库专家，2020 年被评为湖南省绿色建筑行业先进工作者。参与多个国家及地方 BIM 标准编制工作，有着丰富的设计、施工类项目经验，并获得多个 BIM 大赛奖项。

张国栋　装配式总工

美国 PMI 认证项目管理师，从事 BIM 行业 14 年，先后在上海宝冶、加拿大 VAD 设计事务所、上海建科院任职，从事过设计、施工、咨询顾问等工作，参与沙索益海连云港基地、世博丹麦馆、长沙地铁 5 号线、广州地铁 6 号线、美国凤凰城火车站、印度 ISL 钢厂、上海吴淞码头客运中心、成都双流机场 T2、广州白云机场 T2、海口美兰机场 T2 等中外项目，熟悉中美相关的规范标准。

何志刚　BIM 机电总工

从事 BIM 行业 11 年，具有多年机电设计及
施工经验，服务过数十个大型 BIM 咨询项
目。是 AUTODESK 认证教员，认证工程师，
BIM 高级工程师。

李海洲　资深 BIM 工程师

湖南建工集团 BIM 专家库专家，BIM 高级
工程师，AUTODESK 认证工程师，BIM 行
业从业 8 年，有丰富的设计、施工类 BIM
项目经验，参与过多个大型公建项目全过程
BIM 实施，荣获多个国家级、省级 BIM 大
赛奖项。

聂强　资深 BIM 工程师

湖南省建筑科学研究院有限责任公司 BIM 技
术应用中心 BIM 高级工程师。在 BIM 行业
从业 8 年，有丰富的设计、施工类 BIM 项目
经验，参与过多个大型公建项目全过程 BIM
实施，荣获多个国家级、省级 BIM 大赛奖项。

卿楠　资深 BIM 工程师

湖南建工集团 BIM 专家库专家，湖南省建筑
科学研究院有限责任公司资深 BIM 工程师、
二级建造师、中级工程师、专业监理工程师。
在 BIM 行业从业 7 年，有丰富的设计、施
工类 BIM 项目经验，荣获多个国家级、省级
BIM 大赛奖项。

团队领导

副院长 / 总建筑师：周湘华

BIM 中心主任：张 平

成员：

张国栋　何志刚　李海洲　聂 强　卿 楠　曹劲凌　姜永义　马 胜　许灵波　彭 驰
周建宇　肖经龙　甘海华　陈克志　肖 威　林业达　王国志　熊海涛

参考文献

[1] Sacks R, Eastman C, Lee G, Teicholz P. BIM Handbook: A Guide to Building Information Modeling for Owners, Designers, Engineers, Contractors, and Facility Managers, Third Edition[M]. New York : John Wiley & Sons, 2018.

[2] 杨新旺，刘军领 . BIM 技术在大型公建项目的应用研究 [J]. 建设监理，2018(01):28-30, 56.

[3] 徐天芳，梁珂，胡伟 . 公共建筑机电设计中 BIM 技术的应用 [J]. 机电产品开发与创新，2018, 31(03):22-25.

[4] 汪再军，李露凡 . 基于 BIM 的大型公共建筑运维管理系统设计及实施探究 [J]. 土木建筑工程信息技术，2016, 8(05):10-14.

[5] 骆滨 . BIM 技术在绿色公共建筑设计中的应用探讨 [J]. 低碳世界，2017(15):141-142.

[6] 吴群威 . BIM 与 VR 技术在复杂公建类项目的施工管理应用 [J]. 城市建设理论研究（电子版），2017(21):87-88.

[7] 李慧 . BIM 技术在大型公共建筑机电安装工程中的应用研究 [D]. 郑州：郑州大学，2016.

[8] 陈昕元 . 基于 BIM 技术的大型公共建筑机电设计与优化研究 [D]. 陕西：西安建筑科技大学，2016.

[9] 聂鑫 . BIM 技术对绿色医院建筑设计的影响 [D]. 北京：北京建筑大学，2016.

[10] 尹岩 . BIM 技术在大型公建项目管理中的应用研究 [D]. 济南：山东大学，2015.

[11] 吴楠 . BIM 技术在公共建筑的运维管理应用研究 [D]. 北京：北京建筑大学，2017.

[12] 洪呈 . BIM 技术在绿色公共建筑设计中的应用 [D]. 合肥：安徽建筑大学，2017.

[13] 刘应周 . BIM 在某公建项目机电安装工程中的应用研究 [D]. 天津：天津大学，2013.

[14] 王欣 . 大型公建建筑设计管理的研究 [D]. 北京：清华大学，2014.

[15] 高懿琼，翟康 . BIM 在设计阶段的实践应用探析 [J]. 中国管理信息化，2018, 21(19):157-159.

[16] 李冬梅 . BIM 技术在超高层建筑施工中的应用研究 [J]. 钢结构，2018, 33(09):122-126.

[17] 陈良，杨建林 . BIM 技术在施工质量控制中的应用研究 [J]. 工程建设，2018, 50(08):58-62.

[18] 刘子盼 . BIM 技术在工程造价管理中的应用研究 [J]. 价值工程，2018, 37(22):22-23.

[19] 杜日建，赵灵敏 . 基于 BIM 的工程项目管理系统及其应用 [J]. 科学技术创新，2018(19):128-129.

[20] 谷子 . BIM 技术的应用现状研究 [J]. 住宅与房地产，2018(19):255.

[21] 王璐 . BIM 技术在项目施工成本控制中的应用分析 [J]. 石化技术，2018, 25(06):233.

[22] 丁梦莉，杨启亮，张万君，邢建春，谢立强，张晓冰 . 基于 BIM 的建筑运维技术与应用综述 [J]. 土木建筑工程信息技术，2018, 10(03):74-79.

[23] 张茜茜 . 基于 BIM 的建筑项目全寿命周期造价管理研究 [J]. 河南建材，2018(03):143-145.

[24] 杨启，秦煜粟 . 浅析数字城市中 GIS 与 BIM 技术的应用 [J]. 城市建设理论研究，2018(14):81.

[25] 黄岩 . BIM 技术在徐州淮海银行综合楼工程中的应用 [J]. 中国战略新兴产业，2018(20):134.

[26] 王春 . 建筑工程项目开发管理信息流研究与实践 [D]. 重庆：重庆大学，2017.

[27] 何斌 . BIM 技术在建筑行业的发展与障碍 [J]. 有色冶金设计与研究，2018, (06):133.

[28] 李党. BIM 技术在装配式建筑设计中的关键作用 [J]. 山西建筑，2016, 42(33):27.

[29] 张海捷，张均红. 基于 BIM 技术下的装配式建筑设计研究 [J]. 山东工业技术，2016, (09):34.

[30] 靳鸣，方长建，李春蝶. BIM 技术在装配式建筑深化设计中的应用研究 [J]. 施工技术，2017, (05):54-55.

[31] 邱闯，陈炜华，陈雷. BIM 在全过程咨询中的价值体现 [J]. 招标采购管理，2018,10 (23):25.

[32] 张平，高逸豪，卿楠，聂强，李海洲. 大型智慧社区腾讯双创装配式项目——设计阶段 BIM 技术应用 [J]. 土木建筑工程信息技术，2020:88-91.

[33] 梁志华. BIM 技术在装配式建筑全寿命周期中的应用 [J]. 建筑工程技术与设计，2018:42.

[34] 刘晨雷. BIM 在 EPC 工程总承包项目中的应用 [J]. 冶金管理，2020, 01(136):192.

鸣谢

感谢院领导和同仁，感谢 BIM 中心全体成员及书籍编制小组的共同付出；感谢广大客户、兄弟单位、专家朋友，及社会各界人士的大力支持；感谢每位读者的关注见证，使得我们能够更加热情、更见坚定地秉承建筑情怀砥砺前行，最大限度将设计理念贯穿项目全过程中，努力创作出更好的作品。